U0532955

# WILEY

# 需要与成长
## 存在心理学探索
(第3版)

[美] 亚伯拉罕·马斯洛 著　张晓玲　刘勇军 译

# Toward a Psychology of Being
## Third Edition

重庆出版集团 重庆出版社

# 目　　录

第三版编者序 / 1

第二版序言 / 5

第一版序言 / 9

前　言 / 21

## 第一编　更广阔的心理学领域
第一章　导言：健康心理学探索 / 3
第二章　心理学能从存在主义者那里学到什么？ / 10

## 第二编　成长与动机
第三章　匮乏性动机和成长性动机 / 25
第四章　防御和成长 / 50
第五章　认知需要和认知恐惧 / 66

## 第三编　成长和认知

第六章　高峰体验中的存在性认知 / 79

第七章　强烈的同一性体验：高峰体验 / 115

第八章　存在性认知的一些危险 / 128

第九章　抵抗被标签化 / 139

第十章　自我实现者的创造力 / 145

第十一章　心理学数据和人的价值 / 158

第十二章　价值、成长和健康 / 178

第十三章　超越环境限制的心理健康 / 192

## 第四编　未来的任务

第十四章　成长和自我实现心理学的一些基本命题 / 203

**附录一**　我们的出版物和专题会议适合这些个人心理学吗？ / 232

**附录二**　规范社会心理学具有可能性吗？ / 237

**参考文献一** / 240

**参考文献二** / 255

## 第三版编者序

除了某些体裁的通俗小说,现今大部分图书出版几年后都难寻踪迹,很少有人阅读。能成为经典,多年来不断再版,在市面上随时可以购买的非虚构类作品更是少之又少。流传最广泛的心理学经典包括:威廉·詹姆斯的《宗教经验种种》,1902年出版后一直在重印,并且读者众多;还有一些更受欢迎的作品,如西格蒙德·弗洛伊德的《文明及其不满》;卡尔·荣格的《寻求灵魂的现代人》。尽管《需要与成长:存在心理学探索》较上述作品而言出版时间较晚,但也似乎逐渐成为一部经典之作。究竟它能否像詹姆斯的《宗教经验种种》那样经久不衰,出版将近一个世纪后仍然大受欢迎,需要时间去检验,但就其出版后这三四十年的情况来看,前景乐观。

正如马斯洛在第一版前言里所提及,《需要与成长:存在心理学探索》是他早期作品《动机与人格》的续篇。《动机与人格》首次出版于1954年,该书更系统,组织更严密,但因为主要读者群同为心理学领域的专家学者,不免受成规拘囿。写作《需要与成长:存在心理学探索》时,马斯洛已经小有名气,他针对的读者群更为广泛,书中的不确定性大为减少,想法也更大胆,更愿意冒险。我认为《需要与成长:存在心理学探索》之所以能拥有经久不衰的吸引力,原因多半在此;马斯洛冒险的全部意义就在于试图看得更远、更广，而冒险是唯一方式。

继《动机与人格》大获好评后，1962年《需要与成长：存在心理学探索》由范·诺斯特兰德公司首次出版，书中主要收集了1955年至1960年间马斯洛的论文和演讲。第二版马斯洛略加修改后于1968年面世。现在的第三版增加了一篇编者序和大量的编辑脚注，但书中正文部分与马斯洛的原作毫无二致。

之所以在这一版中加入前言，是因为编辑和出版商都认为如果读者能更宏观地把握文中概念的脉络背景，那么理解正文便会容易一些。如上所言，马斯洛在《需要与成长：存在心理学探索》中想法更大胆，向读者有力地说明了自己的所见所闻，但通常不会描述所见现象的原因或背景。我认为对大部分读者而言，读此书最好的方式是先通读前五章，对马斯洛关于人类本质的独特看法有所了解，再读前言，然后再继续读下去。

生活中某一个特殊时刻竟然会深刻地改变一个人一生的轨迹，真是让人深思。1962年年初，我在布兰迪斯大学读研究生一年级时初识马斯洛。他休假归来，要搬进一间新办公室。那天早上我比其他研究生到得早一些，他便请我帮忙，从车里搬下几个盒子；碰巧，他的新办公室就在我那间小小宿舍的走廊对面。我那天早上帮的这个小忙，成为一个幸运的契机，接下来的好几年，我几乎每天都有机会与这位卓越不凡的人对话。

当时，从严格意义上来讲，我并非"亚伯的学生"，我认为用他的理论来研究心理学简直荒谬至极，年少轻狂、经验不足的我居然还将这些看法告知于他。近十年后，即马斯洛于1970年去世一年后，我震惊地发现他反复思考过我提出的怀疑，并对此相当重视。更令我震惊的是，我从他的妻子贝莎口中得知，他建议我写一篇关于他的"知识分子传记"。尽管此时我已经成熟不少，但是仍然认为他的想法有些不切实际。我告诉贝莎，在这个课题里我会进行批判性的研究，不会只是维护他。她说："好的。亚伯也是希望如此。"直到如今，这句话所传达的信任仍然让我惊叹不已。

1962年1月的一天，我帮马斯洛往办公室里搬了几个盒子，十多年后，20世纪70年代初期，我有一年半多的时间都深陷于马斯洛的思想和著作中，在之后近四分之一个世纪里，我也曾无数次苦苦钻研马斯洛提出的问题。虽然大家在前言中可以很明显地看出，我个人并不赞同马斯洛人类本质观点的每一个方面，但我希望大家同样可以看到，我参与《需要与成长：存在心理学探索》第三版的出版，是出于对马斯洛的热爱、尊敬和钦佩。

理查德·劳瑞<br>于瓦萨学院

## 第二版序言

自此书首次出版以来，心理学领域发生了巨大的变化。人本主义心理学——现在最常见的叫法——俨然已成为继客观主义心理学、行动主义（机械形成论）心理学和传统的弗洛伊德主义心理学之后的第三股心理学思潮；相关著作数量庞大而且还在快速增长。这些著作文献开始被**应用**，尤其是在教育界、工商界、宗教界、组织学和管理学、临床治疗和自我完善领域中，其他多种"优心态"组织、杂志和个人等也开始使用（详见《优心态系统》pp. 237-240）。

我必须承认，我认为心理学中的这股人本主义倾向是一场革命，这是在革命这个词最真实、最古老的意义上来说的，像伽利略、达尔文、爱因斯坦、弗洛伊德和马克思等人的影响一样，引发了新的认知和思考角度，新的人类和社会形象，新的道德准则和价值观念，以及新的发展方向。

这股第三次心理学思潮现已成为普通人生哲学的一个方面，一种新的处世之道，一种对人类的新设想，是新世纪运行的开端（当然，前提是我们能避免大屠杀的发生）。对于任何一个具有健康意志、热爱生活的人而言，许多工作尚待完成，这些工作有效、良性、称心，能够给自己和他人的人生提供丰富的意义。

这种心理学**并非**纯描述性的或纯学术性的，而是能指导行为和暗示结果的。它能够帮助一个人创造一种生活方式，既适用于他个人隐秘的精神生活，亦适用于他作为社会存在和社会的一员的生活方式。这种心理学帮助我们认识到生活中上述两方面在实际上是怎样相互联系的。归根到底，最好的"帮助者"是那个"健康的人"，而病人或有缺陷的人却经常好心办坏事。

我必须说，我认为人本主义的，即第三次心理学思潮是过渡性的，是在为更"高级的"第四次心理学思潮做准备，后者超越个人，超越人类，超越人性、身份、自我实现等，不专注于人类的需要和兴趣，而以宇宙为中心。不久（1968年），将有《超个人心理学杂志》出版，它是由创办《人本主义心理学》杂志的托尼·苏蒂奇（Tony Sutich）组织的。这些新发展可以很好地给许多完全绝望的人，尤其是"理想主义受挫"的年轻人提供真实的、可用的、有效的满足。这些心理学有发展成为生活哲学、信仰替代品、价值体系和生活计划的可能，而这正是上述那些人所缺乏的。没有这种超脱和自我超越的过程，我们会生病，变得暴力，成为虚无主义者，抑或变得绝望、冷漠。我们需要某种"比我们更大"的东西，从全新的、自然主义的、经验主义的、非宗教的角度去敬畏之并投身其中，就像梭罗、惠特曼、威廉·詹姆斯和约翰·杜威（John Dewey）他们所做的那样。

我认为在拥有更好的世界之前，我们还有一项任务需要完成：基于对人性的同情和热爱，而非对其的厌恶或绝望，发展一种关于恶的人本主义、超个人的心理学；我在新版里所做的修改主要针对这个方面。在不需要大费周章地重写的前提下，在本书需要的地方我都竭尽所能地阐明我的关于恶的心理学——"恶来自上面",而非"恶来自下面"。尽管修改相当简明扼要,读者仔细阅读还是能发现这方面的修改。

关于恶的谈论,对于目前本书的读者来说,可能听起来像个悖论,或者与书中的主要论点相矛盾,但其实**不然**。世界上当然有健全、坚强、成功的人——圣人、智者、优秀的领导者、负责任的人、正直的政客、评论家、坚强的人,优胜者而非失败者,建设者而非破坏者,父母而非孩童。任何人都可以像我一样研究他们,但不可否认的是,这样的人**本可以**更多,实际上却数量寥寥,而且还受到同伴的恶劣对待。不仅这个现象需要研究,以下现象也需要研究:对人类美德和伟大的畏惧;对如何变好、变强大的无知;对把愤怒转化为创造性活动的无能;对成熟和随之而来的神圣的畏惧;对道德、自爱、值得爱和别人的尊重的畏惧等。尤其是,我们总会因为同情弱者而滋生对强者的仇恨,这种倾向必须予以克服。

我想向雄心勃勃的年轻心理学家、社会学家和一般的社会科学家等所极力推荐的,就是这种研究。对于其他有良好愿望的人,如果他们也想帮助建立一个更好的世界,我强烈建议他们考虑一下科学——人本主义科学,把这个方法看成是做这件事的一个方法,一个很好且很必要的方法,甚至是最好的方法。

现在,我们没有掌握足够的可靠知识,因而不能建设一个美好的世界;我们甚至没有足够的知识知道该如何教会**个体**彼此相爱。我坚信知识的发展会带来最好的答案。我的《科学心理学》和波拉尼(Polanyi)的《个人的知识》(*Personal Knowledge*)清楚地表明:科学的生活也可以是充满激情的、美好的,对人类怀有希望和价值发现的生活。

## 致谢

我要感谢旨在促进教育发展的 F 基金会给予我的学术资金帮助。这些资金不仅给了我一年的空闲时间，而且还帮助我为两位尽心尽力的秘书，希尔达·史密斯女士和诺娜·惠勒女士支付了薪金。在这里，我想对两位女士表示衷心的感谢。

因为各种缘由，最初我将本书献给库尔特·戈尔茨坦（Kurt Goldstein）。如今，我还想感谢弗洛伊德和他提出的各种理论，以及由它们引起的那些对立理论。如果只能用一句话来表达人本主义心理学对于我来说意味着什么，我会说，它是戈尔茨坦（和格式塔心理学）和弗洛伊德（和各种心理动力学）的融合，贯穿着威斯康星大学的老师教授我的科学精神。

亚伯拉罕·马斯洛

# 第一版序言

为选定本书书名，我犹豫良久。"心理健康"这个概念虽然仍旧很有必要，但是对于科学的目的来说，它存在各种固有的缺点，这些缺点在本书的各个相关地方做了讨论。萨茨（Szasz）【160a——参考文献（包括参考文献一和参考文献二）第160a条。下同。】和存在主义心理学家近来所强调的"心理疾病"的概念也同样如此。我们仍然可以使用这些标准术语，而且实际上，出于启发探索的目的，我们现在**必须**使用它们；不过我确信，十年之内这些术语便会废弃不用。

我使用的"自我实现"这一术语则相对更好。这个术语强调"完满人性"，强调人的生物学意义上的基础本质的发展，（从经验上看）是适用于全人类的规范，并不受特定的时间、地点影响，也就是说，这个术语的文化相对性较小。它遵循生物学意义上的命运，而不像"健康"和"疾病"等术语那样遵循历史随意性、文化地域性的价值模式。此外，它也具有经验性内容和操作性意义。

然而，"自我实现"这个术语，除了从文学的角度来看稍嫌拙劣外，还存在某些不可预见的缺点：a）似乎隐含利己主义而非利他主义；b）似乎无视对人生的责任和贡献；c）似乎忽视与他人和社会的联系，以及个人的实现依赖于"良好的社会"; d）忽略非人类现实的需要特征及其内在的魅力和趣味；e）忽视无我和自我超越；f）委婉地强调主动性，而非被动性或接受性。对"自我实现"术语产生这样的看法，是因为没有顾及我仔细描述过的那些经验事实，即自我实现者是利他的、有奉献精神的、自我超越的、社会性的，等等（97，第14章）。

"自我"（Self）这个词似乎是把他人排除在外的，而且，在强大的语言习惯面前，即将"自我"等同于"自私""纯粹自主"，我的再定义和经验性描述经常显得无能为力。而且，让我惊愕的是，有些聪明且有能力的心理学家（70，134，157a），把我关于自我实现者特征经验性的描述，固执地看作是我武断地虚构出来的，而不是发现了它们。

在我看来，"完满人性"能避免上述部分的误解。同时，"人的衰弱或发育不良"的说法比"疾病"更合适，甚至还可以用来描述精神病、神经病和心理变态等；就算不适合心理治疗实践，但至少比较适用于一般心理学和社会学理论。

我在本书中一直使用的"存在"（Being）和"形成"（Becoming）这两个术语其实更合适些，但却尚未作为通用术语而被广泛使用。遗憾的是，正如我们所看到的那样，存在心理学与形成心理学、匮乏心理学迥然不同。我坚信，心理学家必须在调和存在心理学和缺陷心理学的方向上前进，也就是说，需要调和完美与不完美、理想与现实、美好和现存、永恒和暂时、目的心理学和手段心理学。

本书是我1954年出版的《动机与人格》的续篇，书中内容的组织结构与前者大致相同，即每章处理大的理论结构中的一小部分。本书可以算作一个尚待完成的工作的先驱,这项工作着重构建一套综合、系统、基于经验、涉及人性深度和高度的普通心理学和哲学体系。最后一章在某种程度上既可视为未来这项工作的框架,也可视作其桥梁。它首次尝试将"健康和成长心理学"与精神病理学和心理分析动力学、动力学与整体论相结合,将成为与存在、善与恶、积极与消极相结合。换句话说,这是一种基于普通心理分析和实验心理学的科学实证,建设优心态的、存在心理学的和超越性动机的上层结构的努力,这种上层结构是普通心理分析和实验心理学两个体系所缺少的,因为它超越了它们的局限。

我发现,要把我对于上述两种心理学心存敬意,却又颇为不耐烦的矛盾态度传达给其他人是非常困难的。很多人**不是**亲弗洛伊德**就是**反弗洛伊德,不是亲科学的心理学就是反科学的心理学,等等。在我看来,所有这些表明立场的行为都是愚蠢的,我们的任务是将各色各样的真理整合成一个**完整**的真理,这应该是我们唯一的立场。

我很清楚,要确定我们**的确**掌握真理,最终、唯一的方法就是科学方法(广义而言)。但是,如此一来又极易产生误解,陷入亲科学或反科学的两难境地;我早已论述过这个话题(97,第1章,第2章和第3章)。这些是对19世纪正统的科学主义的批评。我想继续这项事业,丰富科学方法,扩大科学权限,使之能处理全新的、个人的、基于经验的心理学任务(104)。

传统意义的科学,不能解决上述任务。但我确信传统科学实在没有必要拘泥于传统;也没有必要从爱、创造性、价值、美、想象力、道德和欢乐的问题中抽退,从而将这些问题完全留给"非科学家"、诗人、预言家、神父、剧作家、艺术家或外交家。也许,这些人拥有惊人的洞察力,能探究那些必须探究的问题,能提出颇具挑战性的假说,甚至大部分都是真实正确的;但是,无论他们如何确定,却无法使全人类信服,只能说服本就认同他们的人和少数其他人。科学是我们拥有的推动真理通过难对付的咽喉要道的唯一方法,只有科学能克服不同人所见和所想的性格差异,也唯有科学能前进。

然而,事实是,科学**已经**走进了一条死胡同,(某些形式的科学)甚至**能**对人类造成威胁,至少对人类最高尚的品质和抱负是如此。许多敏感的人们,尤其是艺术家,担心科学有玷污和压抑的不良作用,会对事物进行分裂而非整合,扼杀而非创造。

我认为所有这些都并非必然如此。科学要想在积极的人类实现上助一臂之力,只需要丰富和深化对其本质、目标和方法的设想。

我希望读者不会感到这一信条与本书偏文学和哲学的基调以及我之前的基调不一致。无论如何,我不认为有相悖之处。概述一般性理论时就应如此处理,至少目前应该如此;当然,还有部分原因是,本书的大部分章节起初是作为演讲稿准备的。

本书与我之前的一部作品相同,充满了基于试验性研究、零散证据、个人观察、理论推导和纯粹的直觉得出的诸多论断。这些论断是以概括化的措辞陈述的,以便能做出真伪的证明。也就是说,这些论断都是假说,即论断的提出是为了接受检验,而非作为最终观点。显然,这些论断有重大意义,且是中肯的。换句话说，论断正确与否对心理学其他分支而言举足轻重。这些论断应该能引起科学研究，我期望会是如此。因此，我认为本书的内容应属于科学或前科学范畴，而非劝诫教化、人生哲学或文学表达的范围。

当代心理学思潮中的关键词可以帮助本书找准定位。到目前为止，有两种有关人性的综合理论对心理学影响最大，这两种理论是弗洛伊德的理论和实验—实证—行为主义理论。其他理论的综合性较弱，其追随者由此分裂成许多小团体。然而最近几年这些形形色色的小团体迅速合并，形成第三个有关人性的理论，即日益综合的"第三势力"。这个团体的成员包括信奉阿德勒、兰克和荣格的人，也包括所有新弗洛伊德主义者（或新阿德勒主义者）和后弗洛伊德主义者【心理分析自我心理学家以及作家，例如马尔库塞（Marcuse）、惠利斯（Wheelis）、马默（Marmor）、萨茨、布朗（N. Brown）、林德（H. Lynd）、沙赫特尔（Schachtel），他们是犹太法典的精神分析学家】。另外，库尔特·戈尔茨坦和他的机体论心理学的影响也在稳步扩大；格式塔疗法，格式塔和勒温派心理学家，普通语义学家，以及像奥尔波特（G. Allport）、墨菲（G. Murphy）、莫雷诺（J. Moreno）和默里（H. A. Murray）一样的人格心理学家等人的影响也在逐步提升，其中一个新生的、强有力的影响便是存在主义心理学和存在主义精神病学。其他贡献者可分别视为自我心理学家、现象学心理学家、成长心理学家、罗杰斯派心理学家和人本主义心理学家等，不胜枚举。还有一个更为简单的分组方法，根据五种期刊进行划分，看发表在某种期刊上的此类文章是哪一组。这五种期刊都相对较新，它们分别是《个体心理学杂志》(Journal of Individual Psychology, University of Vermont, Burlington, Vt.)、《美国心理分析杂志》(American Journal of Psychoanalysis, 220 W. 98th St., New York 25, N.Y.)、《存在主义精神病学杂志》(Journal of Existential Psychiatry, 679 N. Michigan Ave., Chicago 11, I11.)、《存在主义心理学和精神病学评论》(Review of Existential Psychology and Psychiatry, Duquesne University, Pittsburgh, Pa.)以及最新的《人本主义心理学杂志》(Journal of Humanistic Psychology, 2637 Marshall Drive, Palo Alto, Calif.)；此外，《超自然》杂志(Manas, P.O. Box 32, 112, El Sereno Station, Los Angeles 32, Calif)还将这种观点应用到聪明的普通人的人生和社会哲学中。本书后面的参考书目虽然不完整，但也相对全面地罗列出了相关著作，本书也应归入这股思潮之中。

## 致谢

在此，我不再重复《动机与人格》一书前言中的感谢，只想做如下补充。

我为有系里的同事尤金伲亚·汉夫曼(Eugenia Hanfmann)、理查德·赫尔德(Richard Held)、理查德·琼斯(Richard Jones)、詹姆斯·克利(James klee)、里卡多·莫兰特(Ricardo Morant)、乌尔里克·奈瑟(Ulric Neisser)、哈利·兰德(Harry Rand)、沃尔特·托曼(Walter Toman)等人感到幸运，他们为本书各章节提供了无私的帮助、有效的反馈以及中肯的意见。在这里，我想表达我对他们的感激和敬意，并感谢他们的帮助。

我很荣幸在长达十年的时间里，有机会与布兰迪斯大学历史系的同行弗兰克·曼纽尔博士（Dr. Frank Manuel）进行持续不断的讨论，他博学多识、才华横溢、时刻保持着怀疑之心。我不仅喜欢与他为友，还以他为师，并从中受益良多。

我与另外一位朋友、同事哈利·兰德博士（Dr. Harry Rand）也是类似关系，他是一位执业心理分析师。十年来，我们一直共同探索弗洛伊德理论的深层含义，我们合作取得的成果之一已经发表（103）。曼纽尔博士和兰德博士都不赞成我的一般理论，沃尔特·托曼也是如此，后者也是一位精神分析学家，我俩为此进行过无数次的讨论和争辩。也许正因如此，他们给予了我更多的帮助，从而让我不断完善自己的结论。

我和里卡多·莫兰特博士在许多研讨会、实验以及多部作品中都有合作，这有助于我进一步靠近实验心理学主流。在第三章和第六章中，詹姆斯·克利提供的帮助尤大。

在心理学系学术讨论会上，我与这些同事以及我们的研究生进行了激烈而友好的辩论，这些辩论非常具有启发性。在日常生活中与布兰迪斯大学的教职工有形和无形的接触也让我受益良多，他们博学、睿智、善辩，是这里的智囊团。

我从在麻省理工学院（102）举办的价值专题研讨会上的同行们身上亦获益良多，尤其是弗兰克·鲍迪奇（Frank Bowditch）、罗伯特·哈特曼（Robert Hartman）、戈尔杰·凯普斯（Gyorgy Kepes）、桃乐西·李（Dorothy Lee）、沃尔特·韦斯科普夫（Walter Weisskopf）、艾德里安·范卡姆（Adrian Van

Kaam）、罗洛·梅（Rollo May）和詹姆斯·克利（James Klee）等人向我介绍了存在主义的文献。弗朗西斯·威尔逊·施瓦兹（Frances Wilson Schwartz）（179，80）带我首次接触了创造性艺术教育，并让我认识到创造性艺术教育对成长心理学的诸多意义。奥尔德斯·赫胥黎（Aldous Huxley）是最先说服我应该认真对待宗教心理学和神秘主义的人。菲利克斯·多伊彻（Felix Deutsch）帮助我通过亲身体验深入了解心理分析。库尔特·戈尔茨坦给予我巨大的知识支持，因此我将此书献给他。

本书的大部分内容写于休假年，这也要归功于我们大学开明的管理方针。我还想表达对艾拉·莱曼·卡伯特信托的感谢。在这一年的写作中，它为我提供了一笔资助，让我得以免受资金的困扰。在普通的学术年中要持续不断地做理论工作是非常困难的。

本书的大部分打字工作由弗娜·柯莱特小姐完成，感谢她难能可贵的帮助和耐心，尤其是她在工作上辛勤的付出；同时，还要感谢格温·惠特利、罗琳·考夫曼、桑迪·马泽尔等人所做的秘书工作。

第一章是1954年10月18日我在纽约库伯联盟学院演讲的部分修订稿。全部的内容于1956年刊登在由哈珀兄弟出版、克拉克·摩斯塔卡斯（Clark Moustakas）主编的《自我》（Self）上，并经出版者同意在此引用。文章还于1961年在由斯考特·福斯曼出版公司出版，J. 科尔曼（Coleman）、F. 利布奥（Libaw）和W. 马丁森（Martinson）主编的《学院的成就》（Success in College）上再版。

第二章是1959年我在美国心理学联合会大会存在心理学研讨会上宣读的一篇论文的修订稿。此文首次发表于《存在主义探索》(*Existentialist Inquiries*, 1960, 1, 1-5), 并经编辑同意在此刊出；之后又在由兰登书屋出版(1961)、罗洛·梅主编的《存在心理学》(*Existential Psychology*)以及《宗教探索》(*Religious Inquiry*, 1960, No. 28, 4-7)上重印。

第三章是我于1955年1月13日在内布拉斯加大学动机研讨会上所做演讲的精华版，发表于1955年内布拉斯加大学出版社出版、M. R. 琼斯主编的《内布拉斯加动机研讨会, 1955》(*Nebraska Symposium on Motivation*, 1955), 经出版者同意在此引用。文章还重印于《普通语义学公报》(*General Semantics Bulletin*, 1956, Nos. 18、19, 32-42)和《人格动力和有效行为》【*Personality Dynamics and Effective Behavior*(Scott, Foresman), 1960】。

第四章是最初我在1956年5月10日于美林—帕默尔学校成长讨论会上上做的一篇演讲，发表于《美帕季刊》(*Merrill-Palmer Quarterly*, 1956, 3, 36-47), 经编辑同意在此引用。

第五章是我在塔夫斯大学所做演讲的第二部分的修订稿，全文于1963年发表于《普通心理学杂志》(*Journal of General Psychology*), 经编辑同意在此引用。演讲的第一部分概述了证明类本能需要的所有可用证据。

第六章是1956年9月1日我在就任美国心理学联合会人格及社会心理学分会主席时发表的就职演说的修订稿。文章发表于《遗传心理学杂志》(*Journal of Genetic Psychology*, 1959, 94,

43—66），经编辑同意在此引用。文章重印于《国际超心理学杂志》(*International Journal of Parapsychology*，1960，2，23-54）。

第七章是 1960 年 10 月 5 日我在精神分析促进协会于纽约召开的卡伦·霍妮纪念会上所做的关于同一性和异化的演讲修订稿。文章发表于《美国心理分析杂志》（1961，21，254），经编辑同意在此引用。

第八章首次发表在《个体心理学杂志》以纪念库尔特·戈尔茨坦为专题的一期杂志（1959，15，24—32）上，经编辑同意在此引用。

第九章首次发表于 1960 年国际大学出版社出版、B. 卡普兰（Kaplan）和 S. 韦普纳（Wapner）主编的海因茨·沃纳纪念文集《心理学理论展望》(*Perspectives in Psychological Theory*）上的一篇论文的修订稿。经编辑和出版商同意在此引用。

第十章是 1959 年 2 月 28 日我在密歇根州立大学所做演讲的修订稿，是论创造性的系列文章中的一篇。此系列发表于 H. H. 安德森（Anderson）主编的《创造力及其培养》(*Creativity and Its Cultivation*），1959 年由哈珀兄弟出版社出版。文章经编辑和出版商同意在此引用。文章还登于《机电设计》(*Electro-Mechanical Design*）（1959，1，8）和《普通语义学公报》（1959-1960，23、24，45-50）。

第十一章是对 1957 年 10 月 4 日我在麻省理工学院召开的"人类价值新认知"研讨会上所做演讲的修订和扩展，发表于我主编的《人的价值新知识》(*New Knowledge in Human Values*），1958 年由哈珀兄弟出版社出版，经出版商同意在此引用。

第十二章是针对我于1960年12月10日在纽约心理分析学会价值专题研讨会上所做演讲的修订和扩展。

第十三章是1960年4月15日我在由东部心理学协会举办的研究积极心理健康意义的研讨会上所做演讲,发表于《人本主义心理学杂志》(1961,1,1-7),经编辑同意在此引用。

第十四章是针对我于1958年为《认知、表现、形成:教育学的新焦点》(*Perceiving, Behaving, Becoming: A New Focus for Education*)写的论文的修订和扩展(A. 库姆斯主编,华盛顿,全国教育协会管理和课程发展协会的1962年年鉴,第四章,第34-39,版权属于1962年管理和课程发展协会,重印已获得同意)。

在某种程度上,上述论点是对本书和我的上一部作品的概括,也是对未来发展的总体预测。

# 前　言

## 亚伯拉罕·马斯洛看人类天性

人性**"充满奇妙无比的可能，拥有不可思议的深度"**和对人类天性**"更全面、更精彩的设想"**这一主题和基调贯穿了亚伯拉罕·马斯洛（1908—1970）作为一个心理学家的毕生事业。仔细阅读《需要与成长：存在心理学探索》的第一段文字，你会发现其中有些同样充满激情的词语，出自二十岁还在读大学的马斯洛之手："一种（有关人类本质的）新概念正显露端倪，我感到这种心理学如此激动人心、有无限奇妙的可能性……"由此看来，马斯洛自始至终都在研究这个问题。甚至在生命的最后几个星期里，他依然笔耕不辍，向世人宣告人类"有较高层次的天性，而这本身就是人类本质的一部分——简单一点说，由于自身的人类天性和生物性，人才有潜力成为了不起的人"[1]。

西格蒙德·弗洛伊德曾经略带讽刺地评论说："我们每个人都是相当明智的，在一些适当的情况下，会向深藏于人类内心的道德本质屈服，这样做通常而言能使我们更受欢迎一些，我们也

---

1　亚伯拉罕·马斯洛未完成的一本书中的片段，大概写于1970年。这段话引自理查德·劳瑞（Richard Lowry）的《亚伯拉罕·马斯洛：一位知识分子的肖像》【*A. H. Maslow: An Intellectual Portrait*（Monterey, CA: Brooks/Cole, 1973), p. 77】。——英文版编者注，下同

会因此而获得许多谅解。"[1]在这里,"深藏于人类内心的道德本质"正是马斯洛毕生研究的课题。在马斯洛年少时,关于人类天性更全面、更精彩的设想便已植根于他心中,这个设想的核心是一种坚定的信念——尽管存在相反的各种表现——"人们表面之下都是正派的"[2]。不过,不要仅凭这句话便理所当然地以为马斯洛有点被保护过度的无知,以为他从未见过人性的阴暗面。相反,马斯洛成长于二战之前和二战期间的黑暗时代,深知人类的历史沾满了血腥。面对无可争议的铁证,他和其他人一样看得非常清楚,明白人性可以变得多么暴力、邪恶和残酷。而且,早在他还是个少年之时,他便已经敏锐地观察到在日常社会交往中出现的种种恶行:势利、诽谤、欺诈、欺骗、操纵、利用、勒索和压迫……举不胜举,而这些仅仅是冰山一角。

  光明与黑暗,崇高与邪恶,巅峰与深渊,这些都体现了人性的二元性。马斯洛与其他心理学家最重要的区别在于,他正视人性的二元性并试图去理解它。弗洛伊德是除马斯洛之外,唯一一位认真研究过人性二元性方阵的心理学家。他曾在他的著作《文明及其不满》(1930)中对此有所提及。弗洛伊德和马斯洛观察同样的人性的二元性,却得出了不同的结论。弗洛伊德的基本论点是,人类拥有的侵略、破坏等本能,与其他强烈的人类本能(自卫和性满足)一样,都是人性中"原始的、与生俱来的生物本能"。

---

[1] 引自西格蒙德·弗洛伊德的《文明及其不满》【*Civilization and Its Discontents*, trans. James Strachey(New York: W. W. Norton, 1962), p.67】。
[2] 亚伯拉罕·马斯洛写于1938年的笔记,未出版。这句话引自理查德·劳瑞的《亚伯拉罕·马斯洛:一位知识分子的肖像》, p.77。

马斯洛敬佩弗洛伊德，但在对待这个极其重要的核心问题时，他所持的全部观点几乎与弗洛伊德的截然相反，他彻底颠覆了弗洛伊德的人性二元性观点。尽管人类可能是自私、贪婪、好斗的，但这些并非**最根本**的天性。透过表层，从心理学和生理学角度来看人类的天性，我们会发现最基本的善良和尊严。当人们表现得不那么善良和正派时，那只是因为他们正在对压力和痛苦做出反应，或者因为安全、爱和自尊等基本的人类需要没有得到满足。

### 人类动机的新理论

马斯洛对基本的人类尊严的设想最与众不同的一点在于，他以独创新颖又颇具说服力的人类动机理论为支撑。从19世纪晚期到20世纪50年代中期，一种普遍的动机理论大行其道，势头强劲，最后成为官方正统。细想促使人类做出各色行为的需要、动力和欲望，诸如对食物的需要这些动机因素，显然是低级的或基本的，是人类天生的生物本能；其他动机因素，例如对收集邮票、蝴蝶或小提琴的欲望则明显并非如此。根据达尔文的进化论，该正统动机学说最重要的观点是，一个物种天生内在的动机只包括有益于个体的生存或物种繁衍的需要、动力、欲望、冲动，等等——简而言之，即私利、性和攻击性。这些是初级动机，其他的都只是次级的或者衍生的，是个体在成长过程中发现它们对初级动机的满足有所帮助，才后天**产生**的。正统学说还认为，一个动机只有在某一物种中普遍存在，才可以被称为基本动机。因此，饥饿是基本动机，因为每个个体都会饥饿，相比之下收集邮票或小提琴则不然，因为这些行为只在少数个体中出现。

所有的人类动机都适用于这个理论，只要不能被直接归入私利、性和攻击性这几类，便可与收集邮票或小提琴等同视之。"爱"是人类的基本动机吗？不是。它只是为更深层次的私利或性服务。对美的渴望是人类的基本动机吗？不是，证据表明，它在相当多的人身上几乎无迹可寻。那么正义、仁慈或宽容呢？不是，诚如很多人所表现的，他们恰恰缺乏这种倾向。那么还有一些人呢？他们身上似乎能找寻到诸如正义、仁慈或宽容的动机。无论是有意识还是无意识，其中真正的动机总是不可告人的。正如弗洛伊德所言，"这样做通常而言使我们更受欢迎一些，我们也会因此而获得许多谅解"。

### 以全新的视角看待日常现实中的人类行为动机

1943年，马斯洛在当时发表的两篇论文[1]中第一次涉及对正统动机理论的修正，然而直到这两篇论文作为他的著作《动机与人格》（1954）[2]的前两章被重印时，他的观点才被人们广泛知晓。修订的核心是建立在两个观察现象之上的，无论男女，每个人都

---

1 两篇论文分别是《动机理论引言》（A Preface to Motivation Theory），发表于《身心医学》（*Psychosomatic Medicine*, 1943, 5, 85-92）；《人类动机理论》（A Theory of Human Motivation），发表于《心理学评论》（*Psychological Review*, 1943, 50, 370-396）。

2 《动机与人格》【*Motivation and Personality*（New York: Harper & Bros., 1954）】。

可以通过仔细观察自己的动机生活细节,很容易地得到确认。第一个现象是,我们几乎从来都不会处于无动机状态,在我们清醒状态下的每分每秒,几乎都会受到这样或那样的动机的驱动,尽管有些动机可能很不明显,容易被我们忽略。此外,一旦某个动机得到满足,另一个动机立刻"跳出来取而代之",好像它一直隐藏在暗处,只等时机成熟而一跃成为焦点。当第二个动机得到满足时,第三个又会冒出来占据主要地位,依此类推。第二个现象是,这些各种不同的动机并非毫无章法、胡乱出现;它们有一定的出现顺序——有些动机在生理上更加紧迫,更加强烈,而这种紧迫又皆因其具有先天的优先权。总之,人类动机是**有层次**的,它们的层次高低分别取决于各自的紧迫性、强度和优先权。为了记录方便,马斯洛创造了两个新词:"具有优势性的"及其名词形式"优势性",集紧迫性、强度和优先权三者的意义特性于一体。

更通俗地讲,当任意两个动机同时需要满足时,那个更具优势性的、生理上更紧迫的、表现更强烈的动机就能抢占先机,另一个则不得不被挤到后面,靠边让路。相反,任意一个特定动机的满足——包括饥饿这么基本的动机在内——都要有一个前提,那就是其他所有更具优势性的需要已经得到很好的满足,至少在当时看来是如此。马斯洛从这种动机层次排列中发现了端倪,用以解释人类**更高层次**的动机问题。正统理论不承认所谓的次级或衍生动机,原因是它们在物种中表现并不普遍。有了层次排列的设想后,马斯洛便可以从心理学上充分合理地解释,追求美这种更高层次的人类动机,像人类对食物的需要一样基本,一样植根于人性之中，尽管通常只有少数人对此表现出强烈的追求。他还将爱、正义、仁慈以及其他所有可能的更高层次的人类动机也纳入这种解释中。这些更高层次的动机并不如饥饿、干渴那样普遍、强烈，但这并非意味着它们仅仅是次级的或衍生的；这只能说明它们更不具有优势性。"如果我们大多数时间都饥肠辘辘，或者一直口渴难耐，抑或频频受到迫在眉睫的灾难的威胁"，我们肯定"不会想去作曲、构建数学体系或者装饰房子"[1]，或者追求其他任何形式的美。但是，任何一个人，或者说所有人，只要从饥饿、口渴和迫在眉睫的灾难中解脱出来而获得自由——即满足了**所有**更具优势性的动机——更高层次的人类动机**必定**会抓住机会，显露头角。这些动机是当下才产生的吗？不是，它们一直都在。它们深深地植根于人性的最深处，只是在此之前一直被更紧迫的生理动机所压制。

## 匮乏性动机 VS. 成长性动机

尽管到目前为止所言及的基本需要层次不尽相同，既有饥饿、口渴此类单纯的本能性动机，也有人类所特有的需要，比如对爱和尊重的渴望，这些需要都有一个非常重要的共性：都对某样东西有所需要；都是由**匮乏**激发的动机动态。所有这些匮乏性动机的共同点在于，它们影响了我们对现实的认知，让我们提出要求："给我吃的！爱我！尊重我！"从而扭曲我们对待现实的方式。我们对食物、安全、爱情和尊重的需要越强烈，越会对包括

---

1 引自马斯洛的《动机与人格》，p. 69。

自己和他人在内的人和事区别对待，对待的标准则是各人的能力可否为我所用、助我满足需要。

假设，现在我们能找到这样一个人，他的所有基本匮乏性需要都**已经**得到良好又稳定的满足，那么他这类人身上会有什么特征？他会如何知觉现实世界？如何与现实世界互动？简单而言，马斯洛的答案如下：在匮乏性动机影响下工作，就像戴着有色的眼镜看世界，消除了它的影响，就像换上一副无色的眼镜。因此，如果一个人的基本匮乏性需要得到稳定的满足，他就能更加清晰地看世界，了解各个方面的现实。他也不会再受匮乏性动机驱使而对现实提出要求，或产生害怕或疑虑。因此，此人与自我、他人、世界的互动会变得更容易，也更会爱别人和欣赏别人，总而言之，整个过程变得更加愉悦。这就是马斯洛所描述的"自我实现"最为核心的部分[1]。这也意味着自我实现者的生活中受到另一种全然不同的动机驱动。（在《需要与成长：存在心理学探索》一书中，马斯洛把这个新一层次的动机称为"超越性动机"。）在此之前，所有的动机都是匮乏性动机，主要表现为力求获取或得到匮乏的东西。马斯洛相信，这种新层次的动机不仅是努力争取，还是展示一直以来**隐藏**在人性深处的"奇妙的可能性"。

既然所有人身上都存在这些潜能，但为何只在极少数人身上有所表现，马斯洛对此有自己的一番见解。我们中的大多数人在大半生中都被更具优势性的匮乏性动机所驱使，人类所特有的更

---

[1] 马斯洛非常细致严谨，他承认"自我实现"这个术语最先在一位精神病专家库尔特·戈尔茨坦的作品《有机体》【*The Organism*（New York：American Book Co., 1939）】中出现。戈尔茨坦用这个术语描述脑损伤患者适应并弥补自己的损伤的方式，这种方式经常产生出不同寻常的效果。

高层次的动机却因此被封藏、掩盖或遮蔽，得不到表现。马斯洛给出了一个简单的总体描述，展示了他所设想的得以充分发挥自身潜能的人所具有的特点。这一点在他1950年写的题为《自我实现者：关于心理健康的研究》的论文中初现轮廓。随后，马斯洛对此文进行扩展，并将其作为独立的一章编入《动机与人格》中（1954）[1]进行了再次出版。然而，稍后我们就会留意到，对该描述的两点重要补充直到《需要与成长：存在心理学探索》的出版才出现。

## 自我实现

在早期的论文中，马斯洛把自我实现者的首要特征描述为"对现实的认知更有效，与现实的关系更轻松"。基本事实就是，因为这些人不再受匮乏性动机驱使而透过有色眼镜看世界，所以他们能够"更加容易地从普通、抽象和千篇一律的事物中辨别出新奇、具体和独具一格的东西。所以，他们更多的是生活在真实的世界中，而非生活在大量的人造的概念、抽象、期望、信仰和让大多数人对世界困惑不已的刻板印象中。因此，他们更愿意认知真实的存在，而不拘泥于自己或所在文化群体的愿望、希冀、

---

[1] 亚伯拉罕·马斯洛的《自我实现者：关于心理健康的研究》是一篇在人格研讨会第一次专题会上发表的论文（New York: Grune & Stratton, 1950），修订后作为马斯洛《动机与人格》的第12章进行了再版。在《动机与人格》的前言中，马斯洛指出，论文的主要部分其实写于早些时候（约1943年），"但是整整过了七年我才鼓足勇气出版它"。

恐惧、焦虑或理论信仰"。[1]

这种清晰认知的结果首先可能表现为这类人会"有一种非同寻常的能力，可以发现人格中的虚假、欺诈和不诚信，从而可以正确高效地评判别人"。举例来说，阿谀奉承是日常社交生活中司空见惯的伎俩。只有人们感到缺乏自尊，**需要**被恭维时，才会被阿谀奉承所诱惑或玩弄。不需要阿谀奉承的人，一眼就能看穿这种伎俩。进一步而言，这种清晰的认知同样适用于一般事物："在艺术和音乐、智力活动、科学研究、政治和公共事业这些领域"，自我实现者"能更快速、更准确地看到隐藏的或混乱的现实"。他们之所以能够更快速、更准确，根本原因就在于，自我实现者与现实的联系更为**直接**。他们这种与现实未加过滤的、没有媒介的直接交流，带来一种更高级别的能力，"能怀着敬畏、快乐、惊奇甚至是狂喜，新奇而又纯真地一遍又一遍欣赏生命基本的美好，不管那些体验在别人眼里是怎样的陈词滥调。因此，对这样的人而言，每一次日出都像第一次日出那样美不胜收，每一朵鲜花都美得摄人心魄，即便他看过一百万朵花之后还是如此……对这样的人们而言，随便的一个工作日，日常生活的琐事都让他们激动不已、欣喜若狂"[2]。

因为他们不再为匮乏性动机激发的希望和恐惧所牵制，自我实现者不害怕未知，也不觉得受其威胁；恰恰相反，他们"接受它，适应它，甚至还会觉得它比已知**更有**吸引力"。从这个方面来讲，许多人都可以更加高效地生活，因为他们不用花

---

[1] 引自马斯洛的《动机与人格》，p. 205。
[2] 引自马斯洛的《动机与人格》，pp. 214-215。

时间去供养鬼神,在路过坟墓的时候吹起口哨壮胆,或以其他方式保护自己远离想象出来的危险。[1] 自我实现者高效生活的另一个方面是,他们往往以问题为中心,而不是以自我为中心。当他们遇到需要处理或解决的问题时,并不是为了得分而去努力,而只是为了将事情办好。因为他们**不需要**得分,所以可以目标明确、更加专注地解决问题。[2] 他们在一开始就能清晰地看到这个"问题"是个真问题还是假问题。如果是真问题,他们能看到问题的本身和**该有的**解决方案,不会受匮乏性动机需要的左右而掺入感情色彩。在解决问题时,他们不会把自我放在首位,因此也不会被它所束缚。更通俗地说,因为不用时时处处都考虑自我,自我实现者具有一种健康的"超脱特性",能让他们"超然于战争之外……保持平静,波澜不惊,不受那些给其他人造成混乱的事件的影响"。[3]

"喂我!爱我!尊重我!"稳妥地解决了各种各样的匮乏性需要后,自我实现者便不再对现实抱有这些要求。他们能够极好地接受自己、他人和世界,因为他们更加清晰地看到了现实。"没有有色眼镜的制约,他们看到的是没有被扭曲、改造或者粉饰的现实本身。"尤其是,他们以健康的心态包容自己的本性,往往变成"快乐而又精力充沛的生物,醉心于自身的喜好,并享受其中,而且从不后悔、羞愧或感到抱歉"。他们吃得好,睡得香,"尽情享受性爱生活,以及其他相应的生理冲动。他们能无

---

1 引自马斯洛的《动机与人格》,pp. 203-206。
2 引自马斯洛的《动机与人格》,pp. 210-212。
3 引自马斯洛的《动机与人格》,pp. 212-213。

条件地接受自己,无论是处于这些低层次的需要,还是处于其他层次的需要,比如说爱、安全、归属感、荣誉和自尊等,所有的这一切都被当作有价值的东西,被毫不犹豫地接受。究其原因,仅仅是因为这些人愿意接受自然的杰作,而不想与之争论为何这些杰作不是另一番形象"。

出于同样的原因,自我实现者相对而言没有那么强的防御心,也没那么装腔作势。"假话、欺骗、虚伪、做作、虚荣、耍花招,用一些老掉牙的伎俩哗众取宠;这些行为在他们身上难寻踪迹。"这里并非指自我实现者没有经历过"愧疚、羞耻、悲伤、焦虑、防御,只是没有经历过**不必要**(因为不现实)的愧疚等情绪。真正让他们感到愧疚(羞愧、焦虑、悲伤或防御)的是:(1)可以改进的不足之处,例如,懒惰、轻率、易怒、伤害别人等;(2)'匮乏性动机'的顽固残留,如偏见、猜忌、嫉妒等;(3)相对独立于'基本'性格结构之外,但依旧根深蒂固的习惯;(4)他们所认同的种族、文化或群体存在的不足。一般而言,'自我实现的'人们感觉糟糕,是因为现实的存在与可能的存在或应该的存在不相符合"。[1]

如果你反应迅速,肯定已经注意到上述选段的最后一句话——"应该的存在"前后矛盾。自我实现者的形象是接受并承认现实,并不多做期许,乍一看,上述说法显然与之不符。但这并不是马斯洛的笔误,而是他对自我实现者的设想的第一种说法。因为自我实现者能更清晰地看待现实,所以更能理解有价值和无价值之别——简言之,就是"应该的存在"和"不应

---

[1] 引自马斯洛的《动机与人格》,pp. 206-208。

该的存在"之别。等我们把整体情况叙述完毕后，再来详细探讨这个问题。

虽然自我实现者卓越非凡，但他们仍会给人一种普普通通、循规蹈矩的印象；**不需要**为了证明什么而刻意表现得古里古怪、离经叛道。但是，他们的任何一种传统的表现"都是随意搭在肩膀上的斗篷"，有需要时"轻轻一动便可以甩掉"。在斗篷之下，传统惯例的束缚无法渗入到他们更深层次的思想和感觉中。因为思想和感觉指引行动，一股深植内心的自由和自发性暗流渐渐显露，尽管自我实现者看起来传统至极，行为表现也完全"简单自然，没有人为的故作姿态或节制"。[1] 这种内在的自由在马斯洛的多个不同说法中亦有所体现，例如"自主性""独立于文化和环境之外""对文化适应的抵制"等。如果你亟需食物，无论如何，只要能吃饱，你都会唯命是从；如果你吃饱喝足，还有稳定的食物来源，则对食物的需要便对你没有了实际的控制。同理可得，其他层次的匮乏性动机也是如此。如果你**不需要**别人的认可，那么你就不会为了取悦别人而刻意改变自己的想法和行为。如此一来，你便会"顺从自己的心意，不为社会惯例所左右"。你的想法、感觉和行为都发自内心，可以不受复杂且常常矛盾的奖励与惩罚体系、激励与抵制体系、正负强化体系等的影响，社会通过这些体系把受匮乏性动机驱使的个人塑造成千人一面的模型。[2] 这种内在的自由和自发性让自我实现者展示出一种十足的创造性。这里的创造性不是指与人格其他部分关联甚少的"莫扎特型特殊

---

1 引自马斯洛的《动机与人格》，pp. 208-210。

2 引自马斯洛的《动机与人格》，pp. 213-214，225-228。

天赋的创造性",也并非那种仅仅旨在为了新奇而新奇、后天养成的创造力;倒更像是一种自然的、无意识的创造天分,类似于"未被污染的孩童拥有的普遍、纯真的创造性",这种创造力会"渗透到人所从事的无论什么事情之中"。马斯洛确信,这种创造力是"普通人性所共有的一种基本特征——全人类与生俱来的一种潜能"。这种创造力在儿童中相当普遍,却往往被后儿童时期不断增加的匮乏性动机所埋没。要不是因为匮乏性动机施加的"让人窒息的力量",迫使每个人被塑造成千篇一律的文化模型,"我们也许能从每个人身上看到这种特殊的创造力"。[1]

马斯洛列举了好几个自我实现者的特征,都反映了他们与其他个体和全人类的关系。这里的关键点还是:这些人的匮乏性需要早已经得到很好的满足。自我实现者可以欣赏、赏识别人,却没有传统意义的"需要"。他们**不需要**别人时不时地轻抚、安慰或认可,面对孤独时也不需要别人的陪伴。其实,"他们绝对比一般人**更喜欢**孤独和独处"。[2]同时,自我实现者与他人的关系往往"比成年人(同等情况下)更深入、更深厚(不过,与儿童相比就难下定论了)。他们总是能出乎别人的意料,更擅长融合人际关系,能给予他人更伟大的爱,能更完美地认同自我,还能更好地消除自我界限"。

形成这样深厚的关系需要投入大量的时间——"忠诚非一朝一夕之事"——所以这种关系相对较少。尽管自我实现者不愿在一帮肤浅的熟人身上花费太多的时间或精力,但由于对全人类有

---

1 引自马斯洛的《动机与人格》,pp. 223-224。
2 引自马斯洛的《动机与人格》,pp. 212。

一种深深的慈悲，他们的"排他性忠诚也确实可以与对人类大众的……仁慈、喜爱和友谊并存"。¹

## 自我实现者的不完美性

尽管可以把自我实现者看作朝着完美人性的方向发展，但绝对不能认为他们全都完美无瑕、没有缺点。就算那些自我实现程度最高的人，身上也或多或少残留着瑕疵。事实上，马斯洛发现自我实现者存在不完美时似乎很欣慰，好像这才能证明这些人毕竟是人类——不是"道貌岸然的人、牵线木偶或虚幻的理想主义幻影"，而是活生生的、有血有肉的人类。为了强调这一点，他很快指出，自我实现者虽然在向完美发展，却仍旧"表现出一些人类的小缺点。他们也可能会犯傻、挥霍或办事不经大脑，也会无聊、固执或惹人生气。一旦关乎自己的物品、家人、朋友和孩子，他们绝对无法摆脱肤浅的虚荣、骄傲和偏袒"。²

除了这些人类的小缺点之外，还有两个特征——有人也称为不足——贯穿自我实现过程的始终。例如，自我实现者往往发现所有的经历都充满惊奇、美和魔力，但这种习惯常常会让他们看起来心不在焉、一本正经或无视传统的社交礼仪。他们对大众的悲悯情怀有时会让他们同情心泛滥，做出于自己和他人都错误的事情。他们很少会怀疑他人的匮乏性动机，有时会让自己陷入被人利用的境地。但是，最显著的一点是，自我实现者身上还存在

---

1　引自马斯洛的《动机与人格》，pp. 218-219。
2　引自马斯洛的《动机与人格》，p. 228。

另一个极端，他们"偶尔会表现出异乎寻常、出乎意料的无情"，乍一看，这种能力是个非常严重的缺陷，但我们必须记住，他们是些"非常坚强的人"，必要时可以表现出"超乎常人的外科医生式的冷酷"[1]。有些读者可能有过这样的经历，在一段注定失败的关系中，双方都饱受煎熬，一直互相伤害，但却都太过拘谨，无法第一个开口结束这段关系。对于自我实现者而言，他们一旦发现这段关系没有挽救的余地，便会立刻干脆利落地结束它。这种果断的终结行为貌似很无情，实际上是因为他们清醒地认识到，这是必需的，而且对双方都是最好的。

在早期有关自我实现的论文中，马斯洛曾简单地提及这个过程的另外两个特征；但是直到《需要与成长：存在心理学探索》出版，才对此进行详细描述和重点强调。他在该书的第六、七、八章中讲到了"高峰体验"和"存在性认知"，在第十一、十二章中讨论了"人的价值"。你会发现，这两个特征联系密切；后者是前者的直接结果（从现在开始，所有对马斯洛作品的引用都是出自《需要与成长：存在心理学探索》，如有例外会另行说明）。

## 高峰体验

我们最好先来定义一些术语。在《需要与成长：存在心理学探索》中，马斯洛用字母D代表"匮乏"，因此，"D-动机"是指"匮乏性动机"，"D-认知"是指在匮乏性动机影响下发生的感知

---
[1] 引自马斯洛的《动机与人格》，pp. 228-229。

和其他心理过程。另一方面，字母 B（Being，"存在"）意指匮乏的对立面。因此，"B-动机"是指在匮乏性动机得到稳定的满足后，逐渐出现的与生存无关的衍生动机；相应的，"B-认知"则指匮乏性动机带来的蒙蔽人心的影响消除后，涌现出的感知和其他心理过程。

早在二十岁，甚至可能更早的时候，马斯洛就对传统上被称为"神秘体验"的现象表现出浓厚的兴趣。他的兴趣主要来自他个人，正如他（在之前引用过的大学哲学论文中）所表明的，"我自己有过神秘体验……（当时我确实体会到不一样的感觉），它是如此强烈，我几乎都要哭了"。在他早期关于自我实现的论文中，马斯洛指出，这种体验带给人无限广阔的视野，伴随着"狂喜、惊奇和敬畏"。这种体验在那些自我实现者中相当常见，他们普遍都有更直接、更清晰地理解现实的意愿，而上述体验是这种意愿的瞬间强化。但是，他的重点不仅在于传统意义上让人颤抖、战栗、完全爆发的"神秘体验"，还在于这种温和版的神秘体验在自我实现者身上"一天可以出现几十次"，甚至还意外地经常出现在不能称为自我实现者的群体中。[1]高峰体验在马斯洛早期的论文中是非常重要的时刻，因为在所有其他的方面，他倾向于关注自我实现者和纯粹"普通人"之间的差距，但这里他却聚焦于"**同一性**"上；但是，正如前文所述，直到出版《需要与成长：存在心理学探索》，他才全面阐述了这一点。在第六章题为"重新定义自我实现"一节中，马斯洛注意到这种体验可以发生在任何人身上，一旦发生，这些人至少暂时会呈现出自我实现

---

[1] 引自马斯洛的《动机与人格》，pp. 216-217。

者的部分特征。事实上,在这种体验中,普通人也可以暂时成为"自我实现者"。至少在那短暂的一瞬间,他们变得"更真实,更能完美地实现(自己的)潜力,与(自己的)本质更接近,更像一个完整的人"。简而言之,现在,我们可以把自我实现看作"一种关乎程度和频率的事情,而非一种非有即无的现象"——"此时个人的力量以一种奇特的方式得到整合"。

这里的内在逻辑如下:我们在理论上将"自我实现者"定义为不再受匮乏性动机驱使而辛苦劳作的人,但事实上,现实生活中没有哪个有血有肉的人能每时每刻都完全不受匮乏性需要的影响。自我实现者稳定地满足了匮乏性需要,因此达到了一个新高度,但这并不意味着他们可以一劳永逸,他们也必须花费时间、精力等去维持这个高度。让他们在没有食物的情况下生活一段时间,他们也会饥饿。让他们的屋顶无人打理,自行坏掉,他们也会感到寒冷和潮湿。让他们无视自己的工作职责,他们也会失业。同样的道理,匮乏性动机会有顽固的残留,这难以避免,但有时它们也会消失,就算只消失片刻,人们对现实的认知也会变得前所未有的清晰和直接。在那一瞬间,人们就像登上了一座很高的峰顶,从那儿带着"狂喜、惊奇和敬畏"展望无边无际的地平线。马斯洛称为"高峰体验"。退一步说,普通人偶尔也会短暂地摆脱喧闹的匮乏性动机,至少能上升到高峰的半山腰,一睹现实"的真实存在……不再是被利用的对象,不再令人害怕,不再需要以某种人类的方式(匮乏性动机)对其做出反应"。普通人经历高峰体验的频率不如自我实现者高,但是他们的体验毕竟也是高峰体验。

## 从高峰上看到的风景

威廉·詹姆斯是一位哲学家和心理学家，他在其经久不衰的著作《宗教经验种种》中，对通常称为"神秘"的体验中发生的事情进行了经典的描述。詹姆斯对这种体验产生兴趣纯属私人原因。显然，他没有经历过自然出现的"神秘体验"，但是，他在某些情况下，会特意地人为激发这种体验——或者说是激发与这种体验非常相似的感觉——通过吸食一氧化二氮。他在上述这种"麻醉神秘体验"中的经历，非常类似于自古以来人们所声称的自发性神秘体验（宗教的和非宗教的）。他评述说，它们都趋向于"一种顿悟，我不由自主地赋予其超自然的意义。这种顿悟的主旨是不变的和谐一致。现实世界矛盾重重，冲突不断，给我们造成众多困难和烦扰，但在这种顿悟之下，仿佛现实世界的对立面融成一体。对立种类同是一属，而且其中更优质、更好的一类本身就是那一属，因此可以吸收其对立面"[1]。

上述顿悟，与近六十年后马斯洛描述的高峰体验的首要意义极其相似。马斯洛写道，从高峰体验的"奥林匹斯视角"来看，"整个存在……要么是中性的，要么是美好的，邪恶、痛苦或威胁只是局部现象，它们出现的原因是人们以自我为中心，观察视角过低，从而无法看到完整统一的世界……消除对立，超越分歧，解决冲突……二元对立一直以来被认为是呈直线式

---

[1] 引自威廉·詹姆斯的《宗教经验种种》【The Varieties of Religious Experiences（New York：Longmans, Green and Co., 1902），p. 388】。

的连续统一体：两端像南北两极一样，相隔甚远。实际形态却更类似圆圈或螺旋的形式，两个极端相互连接融合为一体……（矛盾、对立和冲突）是认知不完整的产物，会随着对整体的认知而消失"。

**感觉**到一种深刻的洞察力是一种体验，真正让这种洞察力**发挥作用**就又是另一回事了。威廉·詹姆斯在早期调查这个课题时，非常清楚"在用其他体验的标准进行衡量时"，这种伟大的顿悟感并不总是合适的。但是，在反复思考他吸食一氧化二氮后体会到的顿悟（"现实世界的对立面……融为一体"）时，他承认自己无法"完全逃避它的影响。我感觉它一定意味着什么……如果人们能对它掌握得更清楚些"。对所有类似经验进行更综合、更全面的研究后，他至少发现了这么一点，人类意识的触角可以大大地延伸到日常界限之外："（我们的）正常的清醒意识，即我们常说的理性意识，只是意识的一种特殊类型。除此之外，还有许多完全不同的潜在意识类型，中间仅以薄薄的屏障相隔。生活中我们可能不怀疑它们的存在，但加以必需的刺激，然后轻轻一碰，各种各样的意识便会全部出现，各有自己的应用和适用领域。不考虑意识的整体性，只会导致其他形式的意识被忽视。问题是该如何对待这些意识——因为它们与一般意识非常不一致。但是，它们虽然无法提供解决方案，却能决定态度；虽然不能给出地图，却能开放一个地区。无论如何，这些意识禁止我们过早对现实下定论。"[1]

尽管马斯洛研究这个问题的方法与詹姆斯的完全不同，但他

---

[1] 引自马斯洛的《动机与人格》，p. 422。

们得出的结论基本上是一致的。他像詹姆斯一样，非常清楚"伟大的洞察力有时也会被误解"："在高峰体验中创作的诗歌，之后可能会因为不尽如人意而被扔掉。创作一部能经得起考验的作品，与创作一部随后置于冷静、客观、挑剔的审视之下的作品一样，主观上的感觉是一样的。所有的高峰体验感觉都像存在性认知，但事实并非如此。"

尽管如此，"有些迹象我们是无法忽视的"，那就是，至少在某些高峰体验中，现实"被看得更清晰，现实的本质也被洞察得更深刻"。

尽管詹姆斯和马斯洛对这个话题的看法有众多相似之处，但在其中一个重要方面上，两者的观点极为不同。关于这种体验的实际意义——叫它巅峰、神秘、启示、启发、顿悟也好，其他叫法也好——詹姆斯只是说"它们虽然无法提供解决方案，却能决定态度；虽然不能给出地图，却能开放一个地区"。而马斯洛却逐渐相信，并且激动地宣告，有一个真实且日常的人类存在的领域，在这一领域中，真正具有启示、包含存在性认知的高峰体验，**能**提供公式并**能**给出地图。这种境界与人的价值这个亘古不变的话题有关。

### 人的价值的客观标准

有一种观点认为，任何关于"价值"的陈述都带有个人兴趣和偏好。因此，说某物很漂亮其实就是在说"我觉得这个很漂亮"；说某物很好就是在说"我认为这个很好"，如此等等。这种观点通常被称为**价值相对论**，一些代表性的说法包括常见的"情人眼里出西施"，"人各有所好"。相反的观点——我称为**价值客观论**——主张，至少在某些例子中，美、好，以及类似的品质，不仅主观地存在于有情人的眼中，还**客观**地存在于物体本身之中。用马斯洛的话来说，就是"事实和价值的融合"或"内在和外在的……动态平行或同构"。马斯洛最后成为一名价值客观论者，但起初他并非如此。一开始，他深受科学和世俗人文主义的传统思想的熏陶，更像一个传统的价值相对论者。他用当时相当权威的心理学和人类学术语辩称，人们所有对价值的判断都"完全依赖于个人所特有的经历，并受其身处的文化环境所影响"。[1]他在大约二十年的时间里，才逐渐转变成一个价值客观论者。

导致马斯洛发生转变的关键是，他越来越重视自我实现需要更清楚地认识现实这一可能性，尤其是在《需要与成长：存在心理学探索》初次出版前的十年间。此时，他已经认识到，自我实现不是少数人的特权，而是人类天生内在的一种高度，任何人在高峰体验时都可能达到这个高度，即使这种情况可能很少见，一闪即逝。在这十年间的某一刻，他从视力正常者与严重近视者的关系中得到启示：前者看得更远、更清楚，因此，他会**告诉**后者"远处"到底有什么。关于这一点的讨论首先出现在第六章，马斯洛认为："如果自我实现者的确能比其他人更有效、更全面、更不受动机影响地认识现实，那么我们可以将他们作为生物测定器使用。比起用我们自己的双眼看，借助他们更强大的敏感度和

---

[1] 亚伯拉罕·马斯洛未发表的论文《美学与习俗》，写于 1935 年，引自理查德·劳瑞的《亚伯拉罕·马斯洛：一位知识分子的肖像》，pp. 65–66。

洞察力，我们能得到一份关于现实的更好的报告，就像金丝雀一样，它们可以发现矿井中的瓦斯，其他较不敏感的生物则做不到。另一方面，在我们自己的高峰体验中，在认知力最强的时刻，我们也是自我实现的，也可以趁此机会给自己一份报告，看看平日无从知晓的现实的真正本质究竟为何。"

马斯洛把"更好的报告"的逻辑引申到价值问题的做法，在没有引导的情况下比较难以理解，因为他笔下的"价值"有两层含义。尽管他自己会说，这两层含义最终会融为统一的整体，但如果我们想最大限度地实现直接目的，还是将其区分开来比较好。

### "存在自身"的价值

马斯洛讲到高峰体验不仅是**对真实的存在本身的一种认知**，还是对真实的存在所包含的**内在**的价值的一种认知，这里说的价值是第一层含义。如下这些是他笔下的存在价值：完整、完美、完全、正义、活力、富裕以及在第六章和整部《需要与成长：存在心理学探索》中提及的其他存在价值。这里有一点问题，这层含义可以从两个方面进行理解，不知道马斯洛是意指第一个方面，还是第二个方面，还是两个方面都有所指。之所以有两个方面，是因为"价值"这个术语具有内在相关性。一个"价值"并非凭空出现，说某某有"价值"，即意指其对某人或某物有"**价值**"，或者通过某人或某物而变得有价值。那么这里的问题是：存在价值是对**谁**或对**什么**有价值？第一个问题相当乏味，除了那些充分自我实现者,我们普通人的日常价值体系都受到了匮乏性动机的严重污染。在高峰体验中,这种污染实际上已经降为零,却仍然处处有价值影响的痕迹。在高峰体验的时刻,我们看到了前所未见的现实,这种新近认知的现实,让我们形成了一种与日常的、普通的价值观完全不同的价值观。第二个问题就不那么乏味了,还涉及一点儿形而上学的知识。当我们在高峰体验中透过无色眼镜看待"存在本身"时,我们看到的价值是"它的价值,而非我们的"。从字面上理解,这里是说:即使没有人类或其他有认知能力的生物将之视为**价值**,存在性价值还是会作为价值而存在。实际上,是"存在自身"在产生着价值!从这一点出发,我们讨论一个通俗问题:如果森林里有棵树在没有人**听到**(就连松鼠或蝴蝶也没听到)时倒下了,那它倒下时有声音吗?答案是:这要取决于你说的"声音"是什么意思。如果你说的"声音"是被某人或某物"听到"的东西,那么显然树倒下时没有声音——除非你假设"森林本身"听到了。

### 自我实现者是"好的选择者"

尽管马斯洛满腔热情地宣称:"(高峰体验)的哲学意义非常重大",他对这个问题的最终兴趣并非在于其抽象的哲学意义,而在于"更好的报告"在个人成长发展中的实际运用。这是他的"价值"概念的另一层更直接明确的含义,本书的第十一、十二章中对其进行了阐述。有时候一个想法的源头可能来自最为特别的地方。在这个事例中,激发灵感的源泉居然是马斯洛发现的一份调查报告，该报告写于1935年前后，主题是关于小鸡的自由选择行为。[1]读过这份报告的读者多数都会觉得有趣，但不认为有什么惊天动地的意义；显然，马斯洛刚开始读的时候也这么想，但是他突然灵光乍现，最终认为这个部分"蕴含着价值理论意义的……是一个令人震惊的实验"。基本的研究结果是，如果一般的家养小鸡可以在多种食物之间自由选择，有些小鸡很会选择，所以长得又强壮又健康，有的小鸡却不太会挑，最后成为骨瘦如柴的弱势群体。然而，如果不会选择的小鸡只能吃会选择的小鸡挑出的食物，它们也会越长越强壮，越长越健康。马斯洛最终在这个实验中发现的重大意义有两层：其一，有些有机体与同种类的其他成员相比更会选择；其二，"好的选择者为坏的选择者做出的选择比后者自己的选择好"。

  为了避免疑问，我必须强调，这里的关键概念不是小鸡，而是**选择**。任何一个物种，包括人类，其个体都面临多种多样的选择，选择的对象也不仅限于食物。有些人显然是出色的选择者，因为一般来说，他们的选择都对自己的身心健康有益；另一些人则不怎么会选择。不管怎样，选择反映了个体潜在的价值体系——由此可以推断出有些价值体系是正确的（与更深层次的人类本质和现实处境一致），有些则并非如此。既然同时提及健康、健全和价值，下面要说的内容也就不难预料了。人类中好的选择者就是自我实现者，他们对现实的认知更清楚，相应地，也

---

[1] W. F. 达夫（Dove）的《营养本能的个体性研究》【A Study of Individuality in the Nutritive Instincts，发表于《美国自然主义者》(*American Naturalist*)，1935, 69, pp. 469-544】。

与自己更深层的内在本质联系更密切。因此，如果想导出一套客观的、自然主义的**价值**体系，使其对好坏选择者均适用，应该采取的方法是研究"这些高度进化的、最成熟的、心理上最健康的个体"的价值观，以及"普通个体在高峰体验中短暂自我实现时刻"所持有的价值观。

"也就是说，既然（自我实现者）比我们更敏感，更能察觉什么对我们自己有益，那让我们开个玩笑，把他们应用于生物测评，看看会发生什么。这是一个假设：如果时间足够，我们最终也会选择他们很快就选择的对象；或者说，我们早晚会发现他们的选择很明智，然后也会做出相同的选择；又或者说他们能敏锐、清晰地注意到我们看不清楚的东西。"

简而言之，如果你想向着健康、健全和有所成就的方向发展，实现最好的自己、挖掘自己最深的潜力，那么就好好研究这份调查报告，尤其要注意那些早已往那个方向前进的人所做出的选择。当然，这有点像再度发现的"原始智慧"——但是带了些许亚伯（亚伯拉罕·马斯洛）的特色。

### 如何理解"充满奇妙无比的可能，拥有不可思议的深度"

这是马斯洛对人类本质的设想的通俗版概括。大部分读者可能会觉得这个设想很吸引人，因为简单地说，它讲的都是我们非常喜欢听的：我们有"一个更高层次的本质"，"由于我们自身的人类天性和生物性，我们有潜力成为了不起的人"，诸如此类。

它还告诉我们一些关于"存在本身"本质的问题,我猜许多人非常愿意相信:"存在的整体,从最好的、奥林匹斯的视角看待时,是中性的,甚至是好的。邪恶、痛苦或威胁只是局部现象,出现的原因是人们无法看到完整统一的世界"。而且,我们这些不总是能够居于奥林匹斯高处的人,在高峰体验中的短暂时刻,偶尔也可能有机会一瞥存在整体真相。

但是,马斯洛在讨论高峰体验时指出,有伟大的设想或认为其很吸引人是一回事,将其置于"冷静、客观、挑剔的审视"下又完全是另一回事。《需要与成长:存在心理学探索》新版还在筹备出版阶段时,出版商要求我务必加入关于"马斯洛的影响"的评价。当时,我一直很坚强的心脏突然变得有点不安,因为乍一看,马斯洛对心理学主流学派的影响很有限。关于这一点,我们接下来会再次讨论。首先,我想讨论一下,为什么马斯洛的作品没有像热情的崇拜者所期待的那样,引起巨大的反响。并非只因为主流心理学顽固、保守、铁石心肠,对科学盲目崇拜,看不到有价值的东西;实际上,马斯洛的主张招致怀疑和批评,是有相当合理的依据的。

他的三个主要的心理学概念——(1)动机层次,(2)自我实现,(3)高峰体验——只有第一个被主流心理学很好地接纳,人们似乎普遍赞同动机理论的基本概念"层次"和"优势性",认为它们有点道理,从科学的角度而言也有点用处,但并没有认可该理论的每一个细节。另一方面,他关于自我实现和高峰体验的主张却遭受大量的怀疑,还经常被直接无视。这并不是说这些主张完全没有人注意。我猜测许多心理学家,包括一些坚定地投身于马斯洛所谓的"没有人情味的科学指导下的教条和传统"的人,都认为他关于这些问题的观点很吸引人、很有趣。可问题是,所有新提出的心理学观点要经过冷静、客观、挑剔的审视才算过关。

例如,我们来看看马斯洛的自我实现的核心概念。乍一看,人们可能会认为承认这个观点的正确性,只需要对如下问题做出肯定回答即可:世界上真的有人能在某种程度或形式上表现出马斯洛所描述的自我实现者的特征吗?起码我偶尔会在自己和几个熟识者身上发现一些类似特征,所以我对这个问题的回答肯定是个响亮的**"是"**;我估计读者也会有相似的反应。但要谨记,这只是判断这个概念的第一步,而且是小得可怜的一步。这个主张内涵要广泛得多:所有的这些特征综合起来,代表了人类最真实的本质,而这本质隐藏在表面之下。主流心理学对此给出的结论基本是观点很有趣,但是完全没有根据。不仅如此,回想起来,我们可以很清楚地发现马斯洛对自我实现的设想,很大程度上是自己个人兴趣和偏好的反映,而且在这个问题上他貌似还假设自己是个"好的选择者"。他在晚年的时候很坦率地承认了这一点。例如,1967年他在出版的书中写道:"我对自我实现的研究……起初只是一个年轻知识分子的尝试,试图去理解他热爱、崇拜并钦佩的两位老师【鲁斯·本尼迪克特(Ruth Benedict)和马科斯·韦特海默(Max Wertheimer)】,他们是很好很好的人……我想看看(他们的)模式是否也能在其他人身上发现。我确实在一个又一个的人身上有所发现,纳入此范围的人后来远远不止我事先选定的几种人……选定的这些人是(我)非常喜欢和非常钦佩的,而且,我认为他们都是好人……我带着各种各样先入为主的偏见选择了（他们）。"[1]

马斯洛在大约同一时期的日记里更多地提到了自己的兴趣和偏好所扮演的角色："5月28日（1967）……有这个想法好多年了，一直想写下并发表一篇关于自我实现的论文，却总也没能实现。我想现在我知道原因所在了。我认为自己有一套和健康无关的、隐藏的、潜意识的选择标准。为什么我仅仅读亚瑟·摩根的书就那么兴奋——那么肯定他是一个自我实现者。因为他使用的是B-语言（存在性语言），而我的任务是挑选B-人类（存在性人类）。除去所有其他明显的、有意识的标准，我的选择标准还包括处于B-领域（存在性领域）、使用B-语言、已觉醒、被启发，身处'高原'且具有B-认知能力，以及坚定地信仰并践行B-价值——尽管这些标准可能不是有意识的。例如，珀尔，波普·施兰克，他们这些人都是吧。拉格曼问我当代的公众人物有没有符合标准的，我没有回答。不过我的确查阅过（多份推荐）名单，研究上面的人是否符合我的三个标准，但我实在不能隐瞒他们，例如，艾森豪威尔，他就符合标准，还有杜鲁门（据埃莉诺·罗斯福说），但他们显然不是B-人类。美国心理学协会的董事会成员也是如此——他们非常能干、健康，但却不拥有B-认知的能力……所以，看来我的确在选择对象时增加了'健康'之外的标准……我下意识地偷偷加入了附加的变量——B-性（存

---

[1] 引自亚伯拉罕·马斯洛的《人性能达到的境界》【*The Farther Reaches of Human Nature* (New York: Viking Press, 1971), pp. 41-42】。引文所在的那一章最初出版时名为《自我实现和超越》，收录在詹姆斯·布根绍尔（J. F. T. Bugenthal）主编的《人本心理学的挑战》【*Challenges of Humanistic Psychology* (New York: McGraw-Hill, 1967)】。

在性)、B-价值、B-语言。"[1]

尽管"偷偷"这个词用得可能有点儿重,但是下意识的附加变量的确存在。马斯洛从一开始就默认人类本质中隐藏着最深、最真实的潜能与他后来称为B-认知、B-价值以及其他以B开头的东西是一致的——上述种种就是他自年少时便一直追寻的"奇妙无比的可能",这也绝非是纯粹的巧合。也许,他在这些方面**的确是**个"出色的选择者"。也许这就是人类本质内在精髓的最真实体现,**他**凭借着某种清晰的洞察力发现了这一点。不过,也许这只是一种想象的蓝图,描绘了他自己眼中的人类本质中最可贵的东西,掺和了他认为从"奥林匹斯高峰"应该看到的"存在本身"的样子。

高峰体验的概念也存在类似的争议。毫无疑问,人们有时会感到好像经历了顿悟时刻。引起争议的原因不在于这种现象本身,而在于马斯洛对此的看法与他个人的兴趣和偏好——前文提及的"B-性、B-价值、B-语言"——高度相符;人们主要还是对马斯洛得出这些看法背后的逻辑和方法的严密性有所怀疑。比如说,第六章中有很重要的一点,马斯洛声称**"高峰体验是好的、令人愉快的,从来不会让人感到讨厌、不喜欢"**。这个特征"非常令人迷惑",他写道,"却又如此说得过去,因此不仅要报告(它),还必须尝试理解(它)。"于是,他继续总结那个已然是他研究的中心、现在已经为大家所熟悉的问题——高峰体验揭示存在本身什么样的本质:"这里的哲学意义相当之大。为了

---

[1] 引自理查德·劳瑞主编的《亚伯拉罕·马斯洛日记》【*The Journals of A. H. Maslow*(Monterey, CA Brooks/Cole, 1979), pp. 794-795】。

便于讨论，如果我们接受如下论点，认为在高峰体验中现实的本质可以被认识得更清楚，意义能被认识得更加深刻，那么这就几乎是承认了许多哲学家和神学家早已断定的观点：存在作为整体……是中性的，甚至是好的……"

仔细阅读第六章的前两段文字，你就会发现，无论心理学家们再怎么公平，再怎么赞同，他们还是会就逻辑和方法提出疑问。马斯洛的高峰体验以及其他几个结论，主要是基于对80个左右受访者的口头采访以及190名大学生的书面回答，**"高峰体验是好的、令人愉快的，从来不会让人感到讨厌、不喜欢"**。鉴于他的受访者都遵守一组特定的指示，几乎不可能出现第二种结论。以下是一段节选："我想请你回忆一下你生命中最奇妙的经历，最快乐、最狂喜、最入迷的时刻，可能是因为恋爱，可能是因为听音乐，或者突然为某本书、某幅画所'震撼'，也可能是因为某个伟大的创造性时刻……"

如果马斯洛要求受访者讲述生命中感觉最强烈、最具有启发性的体验时，没有加上"奇妙的""最快乐""狂喜"和"入迷"等暗示，那么他的调查结果可能完全不同；如果他有关生命中顿悟时刻的结论就是旨在揭示生命本质的话，他的调查结果也会不同。纵观有关类似体验的文献资料，你会发现这些经验的表现形式、时间长短各不相同；有时它们与马斯洛的描述多少有些一致，但不一致的情况也很多。无论哪种情况，存在本身究竟为何的问题仍是模棱两可。威廉·詹姆斯写道，结果是这些经验"能够与和其迥异的哲学和神学的东西扯上关系"。[1] 哲学和神学与这

---

[1] 引自詹姆斯的《宗教经验种种》。

些经验相关联的情况比比皆是，马斯洛对高峰体验揭示存在本身的设想只是其中一例。

有些人习惯冷静、客观、挑剔地审视事物，那么在马斯洛的心理学中，他们可以找到很多地方运用这一习惯。我在读他的作品时，发现很多需要警惕的地方："逻辑错误！""方法论不严密！""个人兴趣和偏好！""理念太超前"，等等。但是，即使是发现了每一处方法论的漏洞，指出了每一处逻辑错误，我认为马斯洛设想的某些方面还是值得思量一番的，其中部分原因纯粹是出于对他的尊重——他无所畏惧、毫不顾忌地做了这么多。他很清楚会有很多像我们这样的逻辑挑刺者来品头论足——但他还是继续做下去了——不仅非常情愿，还满心欢喜、一腔热情。他坚信自己做的事情非常重要，而且也从中获得许多乐趣。难怪他列举的存在性价值处处包含玩乐、乐趣、欣喜和热情等情感。

### 结束语

马斯洛的设想融入了主流心理学并成为其中一条分支，这一点在亨利·葛莱门（Henry Gleitman）笔下陈述得非常清楚，他所写的一部非常主流的入门级心理学教程被人们广泛引用。尽管葛莱门只是很笼统地称为"人本主义心理学"，但显然他意指的就是马斯洛。即使"研究人格的人本主义方法有很多重要原则是建立在不可靠的基础上"，但是，"有一点我们可以确定，人本主义心理学家应用的研究方法能发现很多用其他方法观察不到的现象。人类的确除了食物、性和声望之外还有别的追求，他们读诗，听音乐，恋爱，偶尔有几次高峰体验，努力实现自我。人本主义心理学家有没有帮助我们更好地了解这些难以捉摸的现象尚未可知，但是……他们坚信这些现象存在，并且是我们人性的一个重要组成部分，不可被忽视。他们如此坚持，提醒我们完整的人格心理学还有未完成的工作"。[1]

为了领会这项成就到底有多伟大，让我们来看看1948年这本得到广泛引用的主流心理学入门教程中的一段话。要知道这本书出版短短两年后，马斯洛就发表了关于自我实现的最初论文。六年后，《动机与人格》面世。十四年后，《需要与成长：存在心理学探索》首次出版。尤其要注意这段话的弦外之音。作者确信这种方法能让心理学朝着正确的方向发展，只需要补充细节，查漏补缺即可。

"既然人类是自身生物结构和所在环境的产物，那么人格则逐渐被视为生物有机体和社会、物质世界相互作用的个体性产物……人格包括个体的可见行为……人格被定义为个体为**适应环境而做出的特有的或连贯性行为**……这是通过研究人们处理自身需要、局限和挫折的过程中发现的。"[2]

需要、局限和挫折——这里可没有展示人性本质的美好画

---

1 引自亨利·葛莱门的《心理学》（第四版）【*Psychology*（4th edition）(New York：W. W. Norton and Co., 1995), pp. 737-739】。

2 E. G. 博林（Boring），H. S. 朗菲德（Langfeld）和 H. P. 韦尔德（Weld），《心理学基础》【*Foundation of Psychology*（New York：John Wiley & Sons, 1948), pp. 488, 511】。引文所在的那一章出自劳伦斯·谢弗（Laurance F. Shaffer）这本著作的两个章节，分别名为《人格》（*Personality*, pp. 467-510）和《个人适应》（*Personal Adjustment*, pp. 511—545）。

面；更重要的是，如今许多主流心理学派也认为这幅画面不完整。提出这个变化的不只马斯洛一人，但是他肯定被视为最重要的代表之一。

理查德·劳瑞

1998年6月

第一编

# 更广阔的心理学领域

# 第一章　导言：健康心理学探索

本章是马斯洛1954年10月18日在纽约库伯联盟学院所作演讲的部分修订稿。

现在，在地平线之上，一种关于人类疾病和健康的新概念正显露端倪，我感到这种心理学是如此激动人心、有无限奇妙的可能，尽管未对其进行检验和确认，尚不能称为可靠的科学知识，但其魅力之大，让我迫不及待想将其公之于世。

这种新观点的基本假设如下：

1. 我们每个人都拥有一种必不可少的生物性内在本性，从某种程度上来讲，这种内在本性是"自然的"、内在的、特定的，而且在某种有限的意义上说，也是不可改变的，至少是没有在改变。

2. 每个人的内在本性部分为个人所独有，部分为人类普遍所共有。

3. 可以科学地研究这种内在本性，并发现（不是**发明**——是

**发现**）其真面目。

4. 就我们目前所知，这种内在本性并非在根本上或必须是恶的。(对于生存、安全和保障、归属感和感情、尊重和自尊以及自我实现的)基本需要、基本的人类情绪、基本的人类能力，从表面上来看，它们要么是中性的、前道德的，要么就是绝对"好的"。而就目前而言，破坏、虐待、残忍、怨恨等并非内在的，而更像是我们的内在需要、情感和能力受挫后**产生**的一种强烈反应。愤怒**本身**并不是恶的，害怕、懒惰或无知等同样如此。当然，这些可以并也已经产生过恶行，但这并非是必然结果，两者之间并不存在内在必然的联系。人的本性远不像它被设想的那样坏。实际上可以说，人类本性的可能性一直被低估了。

5. 既然内在本性是好的或者说是中性的，而非坏的，那么最好使之呈现并加以鼓励，不要抑制它。如果可以顺着本性生活，那么我们会健康、高效和快乐地成长。

6. 如果一个人的内在本性遭到否定或抑制的话，那么他就会生病，有时会病得很明显，有时却让人不易察觉；有时立刻就会生病，有时病情却姗姗来迟。

7. 这种内在本性不像动物本能那样强烈、具有压倒性优势、清晰无误，相反它是脆弱、娇嫩、敏感的，极易被习惯、文化压力及遭受的错误态度所影响。

8. 尽管脆弱，正常人身上的内在本性却极少消失，就连病人也是如此。尽管被否定，但它长期潜伏，迫切要求得以体现。

9. 不知为何，这些结论必须与处罚、匮乏、挫折、痛苦和不幸等相联系；只要这些体验能揭示、培养并实现我们的内在本性，在某种程度上它们就是合乎需要的体验。有一点日渐清楚：这些体验与成就感和自我力量相关联，因而也与健康的自尊和自信有密不可分的联系。尚未战胜、抵抗或克服上述困难的人，他会继续怀疑自己**能否**做到。这不仅对于外部危险来说是如此；对于掌控和延缓自己的冲动的能力来说也是如此，有了这样的能力，便不害怕这些冲动。

请注意，如果以上假设证明无误，那么它们则有望成为一种科学伦理，一种自然的价值体系，一个最终判断对错的仲裁之所。我们对人的自然倾向了解得越多，就越容易告诉他怎样才好，怎样才快乐，怎样才高效，怎样尊重自己，怎样热爱他人，怎样实现自己的最大潜力；这相当于自动解决了许多将来可能出现的人格问题。看来必须查明一件事：作为人类的成员，作为一个独特的个体，他真正的内在、底蕴**究竟**如何？

研究自我实现者，可以帮助我们认识自己的错误、缺点，并找到成长的正确方向。除我们之外，每个时代都有自己的榜样和典范。在我们的文化中，圣人、英雄、绅士、骑士和神秘主义者等被统统抛弃；所留下的只是没有缺点、适应良好的人，一种苍白无力又可疑的替代品。完善成长和自我实现者的潜力得到了最充分的发挥，内在本性也得到了自由的表现，丝毫没有遭到束缚、压制或否认，也许很快他们就可以成为引导我们的榜样。

为了自己，每个人都要清晰深刻地认识到这个严肃的事实：所有背离人类美德的做法，所有违背自己本性的罪行，所有邪恶的行为，**全都毫无例外地自动记录在**我们的潜意识中，从而让我们鄙视自己。卡伦·霍妮用一个非常合适的词描述这种无意识的认知和记忆行为,她称之为"记录"。如果我们做了使自己感到羞愧的事情,此事就会被"记录"为耻辱一类;如果我们做了正直、良善的事情,事情就会自动归入荣誉一类。最终结果非此即彼——我们要么尊重并接受自己,要么蔑视自己,认为自己卑鄙无耻、毫无价值、令人生厌。神学家曾用**"丧失灵魂"**一词描述这种知其能为却不为的罪过。

这种观点并没有否定弗洛伊德的说法,而是在他的基础上有所增补。简而言之,就好似弗洛伊德提供了心理学病态的那一半,我们现在必须提供健康的一半将其补足。也许,这个健康的心理学提供了更多可能,让我们能掌控并改善自己的生活,使自己成为更好的人。也许这比直接询问"怎样才能**不得病**"更富有成效。

我们该如何促进自由发展?自由发展所需的最好教育环境是怎样的?性的?经济的?政治的?我们需要为这些人的成长创造怎样的世界?这些人想创造怎样的世界?病态的文化产生病态的人,健康的文化造就健康的人。同样的,病态的个体使他们的文化更加病态,而健康的个体让他们的文化更加健康。改善个体的健康是创造更好世界的一个方法。换句话说,鼓励个人成长具备现实可能性,没有外界的帮助,治愈神经性疾病的可能性则要小得多。相对而言,个人刻意使自己成为更加正直的人比较容易,而治愈自己的强迫行为或观念却相当困难。

对待人格问题的传统态度,是在不合需要的意义上认为它们是问题。挣扎、矛盾、愧疚、不道德、焦虑、沮丧、挫折、紧张、羞愧、自罚、自卑或感到毫无价值，它们都能造成精神痛苦，妨碍行为效能，甚至不可控制。因此，人们自动视它们为病态的、有害的，并尽可能快地将其"治愈"。

但是上述所有症状在健康人或者趋向健康成长的人身上都有所体现。设想你**应该**感到愧疚和不应该感到愧疚的状况；设想你已经获得了良好的稳定力量而且你**适应**良好。也许适应和稳定是好的，因为这能减少痛苦，但同时它们又有缺点，因为它们使你停止了向更高理想的发展。

埃里希·弗洛姆（Erich Fromm）在一本非常重要的书（50）中，抨击了传统的弗洛伊德的"超我"概念，因为这个观念完全是专制的和相对论的。也就是说，无论你的父母为何人，你的超我或良心（conscience）被弗洛伊德假定为他们的希望、要求和理想的内化。但是如果他们是罪犯呢？那么你会有怎样的良心？又如果你的父亲不喜欢娱乐、只会刻板地进行道德说教呢？再如果他是个精神病患者呢？这样的良心的确存在——弗洛伊德是对的。我们的观念大部分是受这些早期形象的影响，并非后来从主日学校的书本中习得。但是，良心中还存在另一种成分，你也可以说是存在着另一种良心，这种良心体现在我们每个人身上，或强或弱，这就是"内在良心"。内在良心的建立是有其基础的，即对我们自身本性、命运、能力和生活中的"召唤"无意识或潜意识的认知。它坚持我们应忠于自己的内在天性，不能因为软弱或任何别的好处或理由而加以否认。没有能实现自己天资的人，身为绘画天才却去卖袜子的人，天资聪颖生活却一团糟的人，看到真理却缄口不言的人，满身男子气概却甘为懦夫的人，这些浪费自己才华的人深深地领悟到自己犯了错误，并因此而自我鄙弃。这种自我惩罚的心理可能会引发神经官能症，但也有可能让人重拾勇气，燃起正当的义愤，更加自尊自爱，自此以后开始行正义之事。总而言之，痛苦和矛盾可以带来成长和提高。

而实际上，我有意抵制当前对疾病和健康的随意区分，至少在涉及表面症状时是如此。疾病就意味着有表面症状吗？如今在我看来，应该表现症状却没有表现出来也是一种疾病。健康就意味着没有症状吗？我并不认为如此。在奥斯维辛集中营或达豪集中营的纳粹分子有哪个是正常的？他们是拥有病态良心的人，还是拥有美好、清明、快乐良心的人？一个思想深刻的人能感觉不到矛盾、痛苦、沮丧、愤怒等情绪吗？

简而言之，如果你告诉我你有人格问题，在更好地了解你之前，我不知该说"很好"还是说"抱歉"。我的回答取决于某些理由，而这些理由可能是坏的，也可能是好的。

举例来说，对于受欢迎程度、适应能力甚至是青少年犯罪等问题，心理学家的态度发生了改变。在哪些人之中受欢迎？年轻人在势利的邻居或当地乡村俱乐部中**人缘欠佳**，或许不是坏事。适应什么？恶劣的文化，还是专制的父母？我们应如何看待一个适应良好的奴隶或囚徒？就连有行为问题的男孩也被宽容以待，他**为什么**会有过失？通常是因为一些病态的原因，但偶尔也可能出于正当的原因，比如男孩仅仅是想抵制剥削、控制、忽视、蔑视或粗暴的对待。

显然，什么将被称为人格问题，要取决于说这话的是谁。是奴隶主，还是独裁者？是专制的父亲，还是想让妻子保持顺从的丈夫？显而易见，人格问题有时是对个人心理支柱和内在本性遭受压迫的强烈抗议；对这种犯罪行径容忍才是病态。我很遗憾地说，在我的印象中，大多数人在受压迫的时候并不反抗。他们接受压迫，并在多年以后才表现出来，患上各种各样的神经病和精神病，有时甚至完全意识不到自己正在生病，以致错过真正的幸福快乐，没有真正地实现愿望，无法过上丰富多彩、令人激动的生活，不能拥有平静而充实的晚年；他们永远也不会了解富有创造性、审美地反应、发现生活的惊险是多么美好。

适当的悲伤、痛苦问题或其必要性也需要正视。如果完全没有痛苦、悲伤、懊悔、焦虑，成长和自我实现可能吗？如果这些情绪在某种程度上非常有必要且不可避免，那么应是何种程度？如果悲伤和痛苦有时对于人的成长不可或缺，我们必须学会正视这些，不能自动地保护人们远离它们，仿佛它们总是坏的。从最终好的结果来看，悲伤和痛苦有时可能是好的和合乎需要的。不让人们经受痛苦，使人们远离悲伤，是一种过度保护，反而意味着对个体的完善、内在本性和未来的发展缺乏尊重。

## 第二章 心理学能从存在主义者那里学到什么？

本章是马斯洛在1959年美国心理学联合会大会存在心理学研讨会上宣读过的一篇论文的修订稿。从20世纪40年代后期一直到20世纪60年代早期，学界人士对一股多层面的哲学思潮产生了浓厚的兴趣，这股思潮被称作"存在主义"，有时也被称作是"现象学与存在主义"。马斯洛自己表示，他对这种运动的独特哲学思维兴趣仅限于"存在主义对于心理学家来说意味着什么"这个问题，但他仍然对有些存在主义者使用的"存在/形成"这类说法相当感兴趣，这类说法后来很多都为他所用，所以才会有本书的题目《需要与成长：存在心理学探索》，因此才会有"存在本身""存在动机""存在性认知""存在性价值"等术语，你会发现这些说法在本书的后面章节中十分重要。请记住马斯洛将本章归功于他的两个心理学家同行：卡尔·罗杰斯（Carl Rogers）（1902—1987）和高尔顿·奥尔波特（1897—1967）。他与两位的关系相当密切。这两位也受存在主义话语影响颇深，还出版了"存在/形成"主题的书,他们的书在某些方面与《需要与成长:存在心理学探索》有异曲同工之妙。详见高尔顿·奥尔波特的《形成》(*Becoming*, New Haven: Yale University Press, 1955)和卡尔·罗杰斯《个人形成论》(*On Becoming a Person*, Boston: Houghton Mifflin, 1961)。

关于存在主义运动鼎盛时期的总体全面的概述,详见约翰·怀尔德(John Wild)的《存在主义的挑战》(*The Challenge of Existentialism*, Bloomington: University of Indiana Press, 1955);沃尔特·考夫曼(Walter Kaufman)主编的《存在主义:从陀思妥耶夫斯基到萨特》(*Existentialism from Dostoevsky to Sartre*, New York: World Publ. co., 1956)。当时对存在主义感兴趣的心理学家和精神病学家及其作品有罗洛·梅编著的《存在》(*Existence*, New York: Basic Books, 1958)和罗洛·梅主编的《存在心理学》(*Existential Psychology*, New York: Random House, 1961)。

如果从"存在主义对于心理学家来说意味着什么"的角度研究存在主义,我们会发现许多从科学的角度来看模糊不清、难以理解的东西(无法证实或不能证实);但也会发现许多东西颇有益处。照此来看,存在主义并没有像"第三势力心理学"中早已存在的紧迫、确定、敏锐、再发现的趋势一样,给出全新的启示。

于我而言,存在主义心理学实质上包括两个要点。第一,其根本重点在于认为同一性概念和同一性体验是人的本质和任何与之有关的哲学或科学的**必要条件**。我之所以认定同一性为根本,部分原因是相对于本质、存在和本体论等术语，我更了解前者；部分原因则是我感觉同一性可借助实验经验加以研究，即便现在不行，将来也可以。

但此处存在着矛盾，美国心理学家对同一性的探索已经给人留下了非常深刻的印象【奥尔波特、罗杰斯、戈尔茨坦、弗洛姆、惠利斯、艾瑞克森（Erikson）、默里、墨菲、霍妮、梅等人】。而我必须承认这些作家探索得更加清晰明朗，更加接近原始真相，也就是说，比海德格尔、雅斯贝斯等德国作家有更多经验依据。

第二，存在主义心理学十分强调从经验知识出发，而不重视概念体系、抽象范畴或先验的东西。存在主义依赖现象学，即个人的、主观的体验，作为获取抽象知识的基础。

但是许多心理学家也是从同样的重点出发，更别提各类心理分析学家了。

1. 结论一就是，欧洲的哲学家和美国的心理学家之间的差别没有起初呈现的那么大。我们美国人"一直在说单调乏味的话而不自知"。当然，存在主义在不同国家的同步发展在一定程度上表明，相互独立却得出相同结论的人，都正在对自身之外的某种真实做出反应。

2. 我认为这种真实就是个体之外的所有价值观来源的彻底瓦解。许多欧洲存在主义者都对尼采的结论"上帝已死"有所反应；而美国人则认识到政治民主和经济繁荣无法解决任何基本的价值问题。除转向内心、求助于自我，将其作为价值的中心之外，别无他法。更奇怪的是，就连某些信奉宗教的存在主义者也部分认同这个结论。

3. 存在主义者可以为心理学提供当前所缺少的哲学基础，这一点对心理学家而言极为重要。逻辑实证主义[1]已经失败，对临床心理学家和人格心理学家尤为如此。无论如何，基本的哲学问题一定会再次面临被讨论的境况，也许心理学家将不再倚赖虚假的解决方案或像孩童般习得的无意识、未经证实的哲学观点。

4. 关于欧洲存在主义的核心思想（对我们美国人来说）的一个可供选择的表达是，存在主义从根本上来说就是在论述人的抱负和局限之间（人**是**什么和人**想**成为什么，以及人**能够**成为什么之间）的差距所导致的人的困境。这与同一性问题的关系并不像起初听起来那样遥远。人既是现实的，同时也是具有潜能的。

认真对待这种差距可以引发心理学革命，我对此深信不疑。各种各样的文献也支持这一结论，例如，有关投射测验、自我实现、各种高峰体验（在高峰体验中，差距被跨越了）、荣格心理学[2]以及神学思想家的各种文献，等等。

---

[1] 逻辑实证主义是一场哲学运动，旨在寻求清除没有根据直接观察的客观现象所下的定义，或原则上无法依据经验确认或否认的所有主张、概念和假说的哲学和科学论述。这股思潮在 20 世纪 30 年代中期到 20 世纪 50 年代末期对心理学产生了相当大的影响，不过和存在主义一样，其影响力从 20 世纪 60 年代中期就开始逐渐减弱。心理学的逻辑实证主义研究方法的经典"坚强意志"命题由 S. S. 史蒂文斯提出，见于《心理学和科学》，《心理学公报》(*Psychological Bulletin*, 1939, 36, pp. 221-263)。

[2] 是指卡尔·古斯塔夫·荣格（1875—1961）带头发展的一支心理学。读者在初次接触荣格，遇到较为晦涩难懂的概念时，可以从以下两本书入手。《回忆·梦·思考》[*Memories, Dreams, Reflections.* ( ed. A. Jaffé, New York: Vintage Books, 1963, 1989)]；《人类及其象征》[*Man and His Symbols* ( ed. M-L. von Franz), Garden City, NY: Doubleday, 1964]。马斯洛在参考文献第 73、74、75 条列出三部荣格的作品，这几部作品也适合初次阅读者:《寻求灵魂的现代人》[*Modern Man in Search* (见下页)

不仅如此，这些文献还提出了人具有双重本性的问题及整合方法，即人的低级本性和高级本性；生物性和神性的问题和整合方法。总体而言，无论是在东方还是西方，大多数哲学和宗教都将人的双重本性分开来对立而论，并教导说要实现"高级本性"，就要放弃并克制"低级本性"。然而，存在主义者则主张二者**都是**人类本质的根本特征，应同等看待，不能放弃其中任何一个，两者只能整合起来。

我们已经对这些整合方法有所了解——如顿悟、在更广泛意义上的才智、爱、创造、幽默和不幸、娱乐、艺术等。我猜测相比过去，我们将更致力于研究这些整合方法。

在思考人的双重本性这一问题时，我还意识到，有些问题一定永远存在，无法解决。

5. 此时自然生出对理想的、真正的、完美的或神一般的人的关切，并将人的潜能视为**当前**可认知的现实来进行研究。从某种意义上而言，这种研究现在就存在。此处貌似只是纸上谈兵，其实不然。我想提醒你们，这只是用一种独特的方式来询问那个没有答案的古老问题。"治疗、教育和培养儿童的目的是什么？"

此处还有另一个事实和问题亟须关注。事实上，迄今为止对"真正的人"的所有正式描述几乎都包含如下意思，由于已经成为"真正的人"，这个人与他所在的社会以及整个大的社会背景产生了一种新的关系。他不仅在各个方面超越了自己，还超越

---

（接上页）*of a Soul*:（New York：Harcourt, Brace, 1933, 1950）】；《心理学思考》【*Psychological Reflections*（ed. J. Jacobi, New York：Pantheon Books, 1953）】；《未发现的自我》【*The Undiscovered Self*（London：Kegan Paul, 1958）】。

了他所在的文化。他抵制文化适应，更加超然于所在的文化和社会。他更多地成为人类的一员，而不是他所在的当地群体的一员。我感觉，大多数社会学家和人类学家将很难接受这一点，因此我确信在这方面会有争议，但显然这是"普遍主义"的基础。

6. 我们能够且应该会看出，欧洲作家对他们所谓的"哲学人类学"尤为重视，这个问题就是，他们试图定义人类，解释人类与其他物种、人类与物体、人类与机器人之间的不同。人类独特的定义性特征是什么？为人类所必需、失去则不能称为人的又是什么？

总体而言，这是个美国心理学已经放弃的课题。各式各样的行为主义并未提出任何如上所述的定义，至少没有提出一个值得认真对待的定义（S-R[1]的人将会成为什么样子？谁会成为其中之一？）弗洛伊德对于人的描述显然是不合适的，他忽略了人的抱负、可实现的希望和神圣的品质。弗洛伊德为我们提供了最全面的精神病理学和心理治疗体系，但这与当代"自我"心理学家正在揭示的东西并不相干。

7. 一些存在主义哲学家强调个体自我构成时太过绝对化。萨特等人认为"自我是一项设计"，完全由个体自己持续不断（且武断）地选择创造而成，几乎他想成为什么，好像就能将自己塑造成什么样儿。当然，这种说法如此极端，几乎可以肯定是在夸大，与遗传学和体质心理学的事实直接冲突。事实上，这种观点

---

[1] "S-R"是"stimulus-response"（刺激—反应）的缩写。传统行为主义认为，任何特定的人类想法、感觉或行为都可以理解为对某种特定刺激物或刺激情境的反应。只有少数刺激反应联结是天生的，大多数可视作个人在"尝试—错误"的学习过程中形成的。

简直愚蠢至极。

另一方面，弗洛伊德主义者、存在主义治疗专家、罗杰斯派[1]和个人成长心理学家，全都更多地谈及**发现**自我和**暴露**疗法，不强调意志、决心以及我们确实通过选择自我创造等因素。

（当然，我们必须记住，上述两派学者可以说都是心理学化有余而社会学化不足。也就是说，他们在进行系统思考时，并没有充分强调独立的社会环境决定因素，即独立于个体之外的贫困、剥削、民族特性、战争和社会结构等因素的巨大影响力。个人面对这些力量时会感到一定程度的无助，没有哪个头脑清醒的心理学家会否认这一点。但是，归根究底，心理学家的首要专业任务是研究个体的人，而非超出心理以外的社会决定因素。同样，在心理学家看来，社会学家过于强调社会力量，而忽视了人格、意志和责任等自主性的影响力。当然，还是将以上两派学者视作专家而不是瞎子和傻瓜为好。）

无论如何，我们似乎既在发现自己、揭露自己，同时又在决定自己该当如何。这个意见冲突是根据经验可以解决的问题。

---

1 罗杰斯派：心理学家卡尔·罗杰斯（1902—1987）的追随者。罗杰斯也提出了"自我实现"的概念，貌似早在1951年，他就独立提出了这一概念。详见他的《当事人中心疗法》(*Client-Centered Therapy*, Boston: Houghton Mifflin, 1951)。马斯洛在前一年首次公开使用这一术语，详见《自我实现者——关于心理健康的研究》[*Self-Actualizing People: A Study of Psychological Health* (Personality Symposia: Symposium #1, New York: Grune & Stratton, 1950, pp. 11—34)]。尽管马斯洛认为自己和罗杰斯在许多方面想法相似，但他在日记中私下透露，罗杰斯有关人的本性的设想"不够深刻，太肤浅"，详见理查德·劳瑞的《亚伯拉罕·马斯洛：一位知识分子的肖像》。

8. 我们不仅在一直回避责任和意志问题,而且也在回避由其引申出来的力量和勇气问题。最近,心理分析学派的自我心理学家开始意识到人的这种重大变量,因而十分重视"自我力量"。对行为主义者而言,这仍然是他们尚未接触的问题。

9. 美国心理学家已经听到过奥尔波特有关特质心理学[1]的号召,但对此没有进行大的作为,就连临床心理学家也是如此。现在,我们在这个研究方向上受到来自现象学家和存在主义者的推力,这种力量非常难以抵制,我甚至认为,从理论上讲,根本无法抵制。如果对个体独特性的研究不符合我们已知的科学,那么对科学概念本身而言更是糟糕,如此一来,它也不得不进行再创造。

10. 在美国心理学思想中,现象学已经有了一段历史(87),但就总体而言,我认为它已经丧失了活力,辉煌不再。欧洲现象学家用他们极端缜密和煞费苦心的论证,再次告诉我们了解他人的最好方式,至少可以说在某些情况下是必需的一种方式——进入**他的**世界观[2],透过**他的**眼睛看**他的**世界。当然,从任何实证主义哲学科学的角度来看,这两种结论都相当草率。

---

[1] 奥尔波特用德国哲学家威廉·文德尔班(Wilhelm Windelband)杜撰的术语,区分心理学个体化研究法和常规法则研究法之间的区别。占支配地位的常规法则研究法对个人案例的研究是为了总结抽象原则,而个体化研究法却专注于个人案例本身。奥尔波特写道:"如果心理学只研究共性而不研究个性的话,那就不会有太大作为——至少对于人格而言是如此。"【引自高尔顿·奥尔波特的《人格理论中的遗传主义和自我结构》(Geneticism versus Ego-Structure in Theories of Personality),发表于《英国教育心理学杂志》(*British Journal of Educational Psychology*, 1946, 16, p. 66)】。

[2] *Weltanschauung*,德语"世界观"。

11. 存在主义者强调个人的终极孤独感，这是个有用的提示，不仅能帮助我们进一步理解决定、责任心、选择、自我创造、自主、自身和同一性等概念，也让孤独感与同律性通过直觉和移情、爱人与利他、认同他人等进行的交流更加扑朔迷离且令人着迷。我们认为这些理所当然，若能将其作为有待解释的奇迹则更好些。

12. 我认为，存在主义作家的另一关注点可以简单概括为：生活严肃、深刻的一面（或"生活的悲剧意义"），与其肤浅的一面相对立；严肃、深刻的生活是一种缩减的生活，是对人生终极问题的一种防御；这不仅是个书面概念，还有实际的操作意义，例如可以应用到心理治疗上。我（和其他人）对以下事实印象颇深：悲剧有时有治疗性，人受痛苦驱使采用悲剧治疗时，一般效果最佳。肤浅的生活不起作用时，就会受到质疑，从而出现对基本原则的召唤。而存在主义者也明确表明，肤浅在心理学中亦不起作用。

13. 存在主义者和许多其他流派的学者一起，正在帮助我们认识言语推理、分析推理和概念推理的局限性。他们号召回归原始经验，强调原始经验先于任何抽象概念。我认为，这就相当于他们在客观地批判20世纪西方世界的整体思维方式，包括传统实证科学和哲学，这两者都亟须再检验。

14. 现象学家和存在主义者即将引发的所有变革中，最重要的可能是一场迟迟未到的科学理论革命。我不应该用"引发"一词，而应该用"帮助推动"，因为众多其他力量也为打破科学或"科学主义"的官方哲学贡献了一己之力。不仅需要解决笛卡尔二元论的问题，现实中同时包括的精神和原始经验也必然会引发其他根本性变革，这种变革不仅会影响心理学科学，也会影响其他所有的科学。例如，节俭、简明、精确、有序、逻辑、优雅、清晰等特性都属于抽象范畴，而非经验范畴。

15. 最后，我要讨论一下存在主义文献中对我影响最大的一个问题，即心理学中的未来。不同于我在前文提及的所有问题，"心理学中的未来"对我而言并非完全陌生，我想，这对于任何严肃的人格理论学者而言都是如此。夏洛特·布勒（Charlotte Buhler）（22，23，24）、高尔顿·奥尔波特（1，2，3，4）、库尔特·戈尔茨坦（55，56，57）等人的作品也让我们敏感地认识到，应该解决现存人格中的未来的能动性问题，并将相关概念系统化，例如，成长、形成和可能必然指向未来，潜能、希望、愿望和想象等概念亦然；退回到具体即失去未来；威胁和忧虑也指向未来（没有未来 = 没有神经官能症）；自我实现如果与当前活跃的未来不相干，便失去意义；人生最终可能只是个完形，诸如此类。

但这是一个**基本中心**问题，对存在主义者来说极其重要，对我们也有所启发，如埃尔温·斯特劳斯（Erwin Strauss）收录在罗洛·梅主编的文集（110）中的论文所写的那样。我认为，如下说法非常合理：如果一种心理学理论不能集中体现"未来存在于人的心中，且在当下积极而充满动力"这一观点，那么它就是不完整的。从这个意义上看，库尔特·勒温（Kurt Lewin）认为未来也可看作是非历史的。我们也必须认识到，**原则上只有**未来是未知的和不可知的，这意味着所有的习惯、防御和处理机制都是模糊不清、不能确定的，因为它们完全建立在过去的经验之上。**只有**灵活创造的人才能真正驾驭未来，**只有**这种人才能满怀信心、无所畏惧地面对新奇的事物。我确信，我们现在所谓的心理学的许多东西，都不过是某些计谋的研究，我们假装相信未来与过去相同，使用这些计谋能够回避面对完全新奇的事物所产生的焦虑。

## 结论

这些考虑支持了我的希望——我们正见证心理学的扩展，这种扩展不会变成一种新的反心理学或反科学的新的"主义"。

存在主义不仅能丰富心理学，还能推动建立一支有关充分发展的、真实的自我及其存在方式的新的心理学**分支**。苏蒂奇建议称为本体心理学。

显然，我们称为"正常"的东西，在心理学上实际是一般水平的心理病理状态，因为太过平淡且如此广泛地传播，甚至不曾引起注意。存在主义者研究真正的人和真正的人生，则有助于将这种普遍的假象和充满恐惧、错觉的人生置于明亮的灯光之下，揭露其病态的本来面目，即便它们为人们所广泛共有。

我认为，欧洲存在主义者尤其对恐惧、痛苦、绝望等喋喋不休，而他们唯一能做的似乎只是假装保持镇定，因而我们不需对其太过重视。每当源自外部的价值失效时，就会有一大波的高智商者哀诉。他们本该从心理治疗师那里了解到，失去错觉、发现同一性起初是痛苦的，但最终却是令人愉悦并能使人坚强的。另外，这些作者并没有提及高峰体验、体验、快乐和狂喜，甚至没有提及正常的快乐，不禁让人强烈怀疑他们是"无高峰体验者"，体验不到快乐。好像他们只是用一只眼睛在看世界，而这只眼睛又带有偏见。大部分人或多或少都能体验到不幸和快乐这两个方面。任何哲学体系，只要缺少其一便不能称为全面。[1]科林·威尔逊（Colin Wilson，307）严格区分了对此持肯定态度的存在主义者和持否定态度的存在主义者。我完全赞同他的这种做法。

---

[1] 关于这个论题，详见我的《优心态管理》【*Eupsychian Management*（Irwin-Dorsey，1965），pp. 194-201】。

第二编

# 成长与动机

# 第三章 匮乏性动机和成长性动机

本章是马斯洛于1955年1月13日在内布拉斯加大学动机研讨会上所做演讲的精华版,本章和后面章节中讨论的动机观点的概念雏形最先出现在马斯洛的两篇论文中:《动机理论引言》,发表于《身心医学》(*Psychosomatic Medicine*,1943,5,85-92);《人类动机理论》,发表于《心理学评论》(*Psychological Review*,1943,50,370-396)。他的这两篇早期论文都收录在他的《动机与人格》一书中。关于马斯洛动机理论的基本结构请见编者序。

"基本需要"的概念可以根据它所回答的问题和揭示它的那些操作来定义(97)。我最初的问题是关于精神病理根源的:"什么导致人们罹患神经官能症?"我的答案(我认为是对心理分析的回答的修改和完善)简单而言就是,神经官能症就其本质和起源来看,是一种匮乏性疾病,起因是没有在一定程度上满足我称为"需要"的东西,这就像我们需要水、氨基酸和钙一样，一旦缺乏便会引发疾病。除去其他复杂因素，大多数神经官能症都与愿望没有得到满足有关，这些愿望包括对安全、归属、认同、亲密关系、尊重、声望的期望，等等。我的数据资料通过十二年的心理治疗工作和二十年的人格研究收集而来。一组显著的关于替代疗法效果的对照试验（在同一时间、同样操作的情况下）结果非常明显，虽然存在许多复杂情况，但仍能证明匮乏问题得到解决后，疾病趋于消失。

实际上，现在大多数临床医师、治疗专家以及儿童心理学家都得出类似的结论（其中有些人措辞与我不同），如此一来，根据概括化的实际实验数据【而不是仅仅为了显得更客观就过早地武断地下结论，先于知识的积累而不是在知识的积累之后这样做（141）】，以自然的、简单的、自发的方式定义需要则越来越有可能。

长期匮乏的特征如下。如果符合下列情况，则属于基本需要或类本能需要：

1. 它的缺乏引发疾病；

2. 它的存在预防疾病；

3. 它的恢复治疗疾病；

4. 在某种特定（非常复杂的）自由的选择情境中，相对于其他满足，被剥夺的人更愿意满足它；

5. 它在健康人身上或处于不活跃，或处于低谷状态，或者功能上不显现。

基本需要的另外两项特征是主观的，即有意识或无意识的渴望或欲望，以及缺失感和匮乏感；好像一方面丢失了什么，另一方面又感到渴望。("尝起来真不错!")

关于定义的最后一项。该领域的学者在试图定义和界定动机时,饱受许多问题的困扰,之所以产生这些问题,是因为他们过分追求外部可见的行为标准。动机最初的标准,和现在除行为心理学家之外所有人都使用的标准都是主观的标准。当我感到欲望、希望、渴望、愿望缺乏时,便会产生动机。目前尚未发现哪种客观可见的状态与这些主观报告相关联,也就是说,尚未发现能定义动机的适当行为。

当然,现在我们应当继续寻找主观状态下的客观相关物或指示物。当发现快乐、忧虑或欲望的公开外部指示物时,心理学的发展将向前跨越一个世纪。但是,在有所发现**之前**,我们不能假装已经有所发现;也不能忽略目前已经拥有的主观资料。很遗憾,我们不能让实验小白鼠给出主观报告;但幸运的是,我们却**能**向人类提出这样的要求,即在找到更好的资料来源之前,我们没有理由不这么做。

这些需要本质是有机体的亏损,也可以说是空洞,为了健康必须填满;此外,这种空洞必须由**其他人**从外部填充,而非由主体自己填充。出于说明的目的,也为了与另一种截然不同的动机相对比,我且称这种需要为缺失性需要或匮乏性需要。

任何人都不会质疑我们"需要"碘或维生素 C 这种说法,我想提醒你们的是,我们对爱的"需要"就好比我们对碘或维生素 C 的"需要"。

近年来,越来越多的心理学家发现,他们不得不假定有某种成长或自我完善的倾向,从而对平衡、稳态、减少紧张、防御和其他保护性动机的概念进行增补。其原因有多个，分别如下：

1. 心理治疗。趋向健康的压力使治疗成为可能，这是一个绝对必要条件。如果没有这一趋势，一旦治疗超出防御痛苦和忧虑的范围，就无法对其做出解释（6，142，50，67）。

2. 脑损伤的士兵。戈尔茨坦[1]的作品（55）为众人所熟知，他发现，为了解释脑损伤后个人能力的重新整合，必须提出自我实现的概念。

3. 心理分析。一些精神分析师——著名的有弗洛姆（50）和霍妮（67）[2]——发现，除非假定精神官能症是对成长、发展完善、实现个人潜能等冲动的扭曲，否则不可能对其有所理解。

4. 创造性。通过研究正在健康成长及已然健康成长起来的人

---

[1] 库尔特·戈尔茨坦（1878—1965）：精神病学家，关于脑损伤病人的研究对马斯洛自我实现概念的提出和发展影响非常之大。他通过多次细致的观察，发现脑损伤的有机体出现自然地重新整合自身能力的倾向，于是遍寻方法，试图使这种潜能成为现实。马斯洛承认，最先在心理学语境中使用"自我实现"这一术语的人是戈尔茨坦。详见库尔特·戈尔茨坦的《有机体》【*The organism*（New York：American Book Co.,1939）】，首次发表时题为"*Der Aufbau des Organismus*"，1934年。

[2] 埃里希·弗洛姆（1900—1980）和卡伦·霍妮（1885—1952）是接受过传统训练的心理分析师，他们最终与弗洛伊德的正统学说产生分歧。分歧之一是，他们坚持，只有将人格置于特定的社会、文化和历史背景中才能对其有所了解，他们的观点并非与马斯洛的完全一致，但却极其相似——满足基本需要可以找到表达"更高层次的人类天性"的方式。弗洛姆的作品中最为马斯洛所接受的是《自我的追寻》【*Man for Himself*（New York：Rinehart, 1947）；《健全的社会》【*The Sane Society*（New York：Holt, Rinehart, and Winston, 1955）】。卡伦·霍妮心理学观点介绍请见《我们时代的神经质人格》【*The Neurotic Personality of Our Time*（New York：Norton, 1937）】；《神经症与人的成长》【*Neurosis and Human Growth*（New York：Norton, 1950）】。

们，尤其是将他们和病态的人做对比，便能够很好地阐释一般的创造性问题。尤其是艺术和艺术教育，需要使用成长和自发性概念（179，180）。

5. 儿童心理学。对儿童的观察越来越清楚地表明，健康的儿童享受成长和进步，喜欢获取新技能、能力和力量。这与弗洛伊德的相关理论完全矛盾，后者认为儿童对于每一次适应、每一种静止或平衡状态都死死地抓住不肯放手。根据这种理论，必须对勉强的、保守的小孩不断敲打、督促才能让他们更上一层楼，从而走出偏爱的舒适状态，进入可怕的新环境。

虽然临床医师不断证实，在多数情况下弗洛伊德的想法符合没有安全感的、受惊的儿童，而且大到全人类的层面上讲，也与其中部分人相符，但与健康、快乐、有安全感的儿童却并不符合。在健康的儿童身上，我们清晰地看到其对于成长、成熟的渴望，他们迫不及待地想丢掉过时的适应，像丢掉一双穿旧的鞋子一般。在他们身上，我们不仅非常清晰地看到获取新技能的渴望，还有在不断地享受这种渴望时所获得的极大乐趣，而这种渴望就是卡尔·布勒（Karl Buhler）所说的"功能渴望"（Funktionslust，24）。

对这些不同派别的作家而言，尤其是弗洛姆（50）、霍妮（67）、荣格（73）、C. 布勒（22）、安吉亚尔（Angyal，6）、罗杰斯（143）、高尔顿·奥尔波特（2）、沙赫特尔（147）、林德（92）等人以及最近的某些天主教心理学家，成长、个性化、自主性、自我实现、自我发展、效率、自我完成等术语意义大致相同，全都意指一个模糊认知的领域，并非严格定义的概念。

在我看来，目前**不可能**严格定义这一领域，而且这种做法也不可取；因为一个定义若不能从众所周知的事实中轻松、自然地体现出来，那便极有可能毫无用处，且会起到阻碍、歪曲的作用，因为在先验的基础上根据个人意愿随意下定义，极易出错。我们对成长的了解尚浅，无法给出合适的定义。

成长的意义不能被界定，但部分可借助正面指代来**表示**，部分可根据反面对比来说明，即根据"它不是什么"，例如，可以说成长与平衡、稳定、减少紧张等不同。

成长概念的支持者认为有必要提出这一概念，部分原因是他们不满意（确信现存理论没有包括新近观察到的现象）；部分原因是旧的价值体系崩溃后，新的人本主义价值体系正在形成，提出新的理论和概念则可以更好地阐述新体系。

然而，目前这一阐述主要基于对心理健康的个体的直接研究。这样做不仅是个人的内在兴趣所致，也是为了给治疗理论、病理学理论以及价值理论提供更坚实的基础。对我来说，似乎只有通过这种直接接触，才能发现教育、家庭培养、心理治疗和自我发展的真正目标。在最近的一本书里（97），我描述了在这项研究中的发现，讨论了直接研究好人而非坏人、健康的人而非病态的人、消极以及积极对一般心理学的影响，并提出了一些理论。（我必须提醒你，除非其他人重复了这个研究，否则这种数据资料并不可靠。在这个研究中，会存在投射的可能。当然，研究者自己不太可能有所察觉。）据我观察，健康的人和其他人的动机生活存在不同，现在我想讨论其中的某些差异，即对比被成长需要激励的人和被基本需要激励的人。

就所涉及的动机状态来看，健康的人充分满足了安全感、归属感、尊重和自我尊重等基本需要，所以他们主要被自我实现的趋向所激励【自我实现定义为：不断实现潜能、能力和天赋，完成使命（或召唤、命运、天命或天职），更充分地认识并接受自己的内在本性，个人内心不断趋向统一、完整和协同】。

与上述较为宽泛的定义相比，我之前公布的一个描述性、操作性的定义更为贴切（97）。我通过描述临床观察特征来定义健康的人。这些特征如下：

1. 对现实有良好的感知能力；
2. 更能接受自我、他人和自然；
3. 更具自发性；
4. 以问题为中心的意识较强；
5. 更喜欢超然独处；
6. 自主性较强，抗拒文化适应；
7. 鉴赏力更独到，情绪反应丰富；
8. 高峰体验发生频率更高；
9. 对人类怀有很深的认同感；
10. 人际关系发生变化（临床医师会说人际关系得到改善）；
11. 性格更民主；
12. 更具创造性；
13. 价值体系发生某些变化。

此外，由于抽样和数据有效性方面存在不足之处，且不可避免，上述定义会有其局限性，本书对此有所描述。

迄今为止，在描述健康人概念时所面临的主要问题是其略显静态的特性。由于我对于自我实现的研究主要针对较年长者，自我实现易被当作终极或最终状态或是遥远的目标，而非贯穿一生的动态过程，它被看作是存在（Being），而非形成（Becoming）。

如果我们将成长定义为促成最终自我实现的各种过程，则更加符合观察到的事实，即自我实现**贯穿**人生始终。这否认了自我实现的动机顺序**完全**按层次、逐步地满足这种想法，这类想法认为必须按照顺序，逐步地满足其基本需要，下一个更高层次的需要才会出现。于是，成长不仅意味着逐步满足基本需要直至其"消失"，而且还被看作受特殊成长动机的驱使，需要满足更高层次的需要，例如，天赋、能力、创造倾向、本质潜能等，而非基本需要。因而，我们也将认识到基本需要和自我实现如同童年和成年，其实并不互相矛盾，前者逐渐演变为后者，且是后者形成的必要条件。

此处我们即将探究成长需要和基本需要的区别，这是自我实现者和其他人动机生活本质差异的临床观察结果。匮乏性需要和成长性需要这两个名称虽说不完善，却很好地体现了下述差异，例如，并非所有的生理需要都是像性、排泄、睡觉和休息这样的匮乏性需要。

无论如何，一个人屈从于匮乏性需要时，与他受成长支配、受"超越激励"和成长激励支配或实现自我时，心理生活是截然不同的。如下所述的差异可以阐明这一点。

1. 对于冲动的态度：抵制冲动和认可冲动

事实上，无论新旧，几乎所有动机理论都颇为一致地将需要、动力、激励，表述为讨厌的、恼人的、令人不快的、不受欢迎的、需要摆脱的东西。动机性行为、目标探索、完成反应都是减轻这种不适的方法。这种态度在广泛使用的动机理论描述中有明显的体现，具体表现为缩小需要、减少紧张、降低动力、缓解忧虑。

在动物心理学以及基于大量对于动物研究工作的行为主义中，上述态度是可以理解的。可能是动物**只有**匮乏性需要；但不管事实是否如此，我们出于客观性考虑，已经如此认定了。目标对象必须在动物有机体之外，如此我们才能衡量其实现目标所付出的努力。

弗洛伊德心理学竟然以同样的对待动机的态度为基础，即它也认为冲动是危险的，必须与之斗争，这也可以理解。毕竟，整个弗洛伊德心理学体系就是以病态人的体验作为研究基础，而这些人在需要满足及需要遇挫等方面的经历不甚愉快。冲动带来众多困扰，他们不知道如何应对，难怪他们会害怕甚至憎恨冲动，也难怪他们对待冲动的一贯做法便是加以抑制。

当然，纵观哲学、神学和心理学的发展历史，贬损欲望和需要是经久不变的主题。禁欲主义者、多数享乐主义者、几乎所有的神学家、许多政治哲学家和大多数经济理论家一致认为，愉悦、幸福、快乐等实质上是渴望、欲望和需要这种不愉快状态暂时得到满足的结果。

简单来说，这些人都认为欲望或冲动很讨厌，甚至是一种威胁，因此通常都竭力摆脱它、否认它或回避它。

这一论点有时倒也准确地反映出实际情况。生理需要、安全需要、爱的需要、尊重需要、信息需要等，对许多人而言其实是很讨厌的，这些人包括精神麻烦制造者、问题创造者，尤其是满足需要时有过不成功体验的人，以及当前没指望满足需要的人。

然而，甚至对匮乏性需要的描述也过于夸张：若（a）一个人对过去的匮乏性需要体验感到满意；（b）现在或将来的匮乏性需要能够得到满足，则他认可并喜欢这些需要，且欢迎它们出现在他的意识中。例如，如果一个人喜欢食物，且现在可以获得美味的食物，那么此时食欲在他意识中的出现是受欢迎的，而不是可怕的。（"食物的问题在于它扼杀了我的食欲。"）饥饿、口渴、睡眠、性、依赖以及爱等的需要，情况同样如此。但是，新近出现的对成长（自我实现）动机的觉悟和关注，强有力地驳斥了"需要令人讨厌"论。

因为人的天赋、能力、潜能各不相同，归入"自我实现"之下的大量特质动机数量众多，难以一一列举。但是，有些特征为人人所共有。其一便是，这些冲动是被渴望的、受欢迎的、令人高兴的，对于它们，人们想要更多，而非更少；如果它们造成了**紧张**，那也是**令人愉快**的紧张。创造者通常欢迎自己的创造性冲动，有才能的人喜欢使用并扩展自己的天赋。

谈论这种减少紧张感的事例、认为应当摆脱那些令人烦恼的状态的做法是非常错误的，因为这些状态并非令人烦恼。

2. 满足的不同效应

如下观念几乎总是与否定需要的态度相关：认为有机体的主要目的是摆脱令人讨厌的需要，从而中止紧张，达到平衡、稳态、平静、静止、没有痛苦的状态。

动力或需要奋力朝向自我消除，它的唯一奋斗目标是走向中止，摆脱自身，进入不再需要的状态。把这一点推到逻辑极端，我们最终与弗洛伊德的"死亡本能"纠缠在一起了。

安吉亚尔、戈尔茨坦、高尔顿·奥尔波特、夏洛特·布勒、沙赫特尔及其他人都有力地批判了这种在本质上是循环论的观点。如果动机生活本质上由防御性地摆脱令人恼怒的紧张构成，又如果减少紧张的唯一最终结果就是消极地等待更多令人恼怒的事情出现，然后再将其摆脱，那么变化、发展、运动或方向是如何产生的呢？人们为何需要自我完善？为何要变得更聪明？生活的滋味又是什么？

夏洛特·布勒（22）指出，稳态论不同于静止论。后者仅仅论及去除紧张，意味着零紧张最好。稳态论意指紧张不为零，而是使之达到最佳水平。这意味着，有时减少紧张，有时则要增加紧张，例如，血压有时会过低，有时会过高。

上述理论无论哪个显然都缺少贯穿人生始终的恒定方向。两者都没有，也不能解释人格的成长、智慧的增长、自我实现、性格的强化、人生的规划等问题。为了使纵贯一生的发展具有某种意义，必须借助于长期路线或方向等（72）。

甚至对于匮乏性动机，上述理论给出的描述也不够充分。这里没有意识到将所有独立的动机事件串联起来的动态原则。不同的基本需要按层次顺序相互联系，一个需要得到满足并不再处于支配地位后，不会产生静止状态或禁欲主义的情感淡漠，而是会出现另一个"更高层次的"需要，需要和欲望继续存在，但却在更高级的水平上。因此，即便对于匮乏性动机而言，走向静止的理论也是不充分的。

然而，当我们研究主要受成长性动机所驱使的人们时，走向静止的观点变得毫无用处。在这类人身上，满足会让动机增强而非减弱，兴奋增多而非减少，欲望更多。他们发展自己，需要越来越多而非越来越少，例如，他们要求越来越多的教育。这类人没有走向静止，反而越发活跃。满足没有减弱他们的成长渴望，反而刺激得更强烈。成长**本身**是一个令人满足和激动的过程，例如，实现愿望和抱负，成为一名优秀的医生；演奏小提琴或做个好木匠，让你对人或世界或自身的了解稳步增长；让你无论身处哪个领域都能发挥自身的创造性；最重要的一点，使你成为一个健全的人。

韦特海默（172）很久以前强调过同一差别的另一个方面，他似是而非地宣称，他真正用于探索目标的时间还不足全部时间的百分之十。这项活动可能因为自身内在原因受到鼓励，也可能因其有助于满足需要而具备一定价值。在第二种情况中，当活动没有成功或生效时，它便失去其价值，不再令人愉快。更常见的情况是，活动**根本完全不受欢迎**，受欢迎的仅仅是目标而已。这与一种人生态度相似：因为最终要进入天堂，所以对人生本身重视较少。得出这一结论的观察依据是：自我实现者享受人生，且享受人生的方方面面，而大多数人只享受偶尔出现的胜利、成功、高潮、高峰体验等的一些瞬间。

在某种程度上，生活的这种内在效力来自成长（growing）和长成（being grown）的内在乐趣，但也取决于健康的人将手段性活动转变为目的性体验的能力。如此一来，作为手段的活动也会像目的活动一样受欢迎（97）。成长性动机可能是长期性的。对于大多数人而言，要想成为一位优秀的心理学家或艺术家，也许需要投入一生的时间。所有平衡论、稳态论或静止理论仅涉及短期事件，事件之间互不相关。奥尔波特曾特别强调这一点，他指出，周密计划和着眼未来是健康之人的核心特征或本性。他承认，"事实上，匮乏性动机的确需要减少紧张，恢复平衡。另一方面，成长性动机会为了遥远且通常难以实现的目标保持紧张。正因如此，成长性动机将人类形成与动物形成、成人形成与婴儿形成区别开来"（2）。

3. 满足在临床和人格上的影响

匮乏性需要的满足和成长性需要的满足对人格有不同的主客观影响。目前我正在探索的东西，如果概括来说就是：满足匮乏性需要能避免疾病，满足成长性需要能积极促进健康。我必须承认，当前要通过研究来证明这一观点将会是十分困难的。但是，抵御威胁或攻击和积极的胜利及成就之间、自我保护、防御、防护和追求实现、刺激和扩展之间的确存在临床差异。我曾试图将这种差异表述为充实地生活和准备充实地生活、成长和长成的差异。我还将防御机制（为了减少痛苦）和应对机制（为了实现成功并战胜困难）做过对比（94，第十章）。

4. 不同类型的快乐

像许多前辈一样，埃里希·弗洛姆曾经为区分高级快乐和低级快乐做出过有趣且重要的努力。这对于突破主观伦理相对性至关重要，也是科学价值理论的先决条件。

他区分了匮乏性快乐与富足性快乐,满足需要的"低级"快乐和生产、创造以及发展洞察力的"高级"快乐。随着匮乏性满足而产生的过分满足、放松、紧张消失后,与人轻松且完美地作为、处于能力高峰时——可以说是在超速状态时(见第六章)——感受到的功能渴望、狂喜、宁静相比,至多可算作"宽慰"。

"宽慰"如此依赖于会消失的东西,所以它更容易消失;而成长带来的快乐必定更稳定、更持久、更连续,可以永远存在。

5. 可达成的目标状态(针对某一事件)和不可达成的目标状态

匮乏性需要的满足通常是暂时的、有顶点的。最常见的模式是这样:开始于一种鼓动、激励的状态,这种状态引起针对目标的动机行为,且在欲望和兴奋的作用下稳步上升,最终在成功和完成的刹那到达顶峰。而后,从欲望、兴奋和快乐的曲线高峰处急剧下落到没有紧张、缺少动机的平稳状态。

这种模式虽然并非普遍适用,但却与成长性动机的情况形成强烈对比。因为,典型的成长性动机满足过程,没有顶点或完成,没有高峰时刻,没有终止状态,甚至没有可称为顶点的目标。也就是说,成长是一个持续的、几乎稳定的上升或前进发展的过程。人得到的越多,需要的也就越多;所以这种需要无休无止且永远不可能达到或满足。

正因如此,平常对鼓动、目标探索、目标对象与附带影响的分离以失败而告终。行为本身就是目标,且不可能将成长目标和成长鼓动加以区分,因为它们也是相同的。

6. 种类共有的普遍目标和特质目标

匮乏性需要为人类全体成员所共有,在某种程度上也为其他物种所有。自我实现是特质的,因为每个人都不同。通常匮乏性需要,即种类需要应当得到很好的满足,然后真正的个性才能得以充分发展。

正如所有的树木需要从环境中获取阳光、水和养料一样,同样的,人类也需要从**他们**的环境中获得安全、爱和地位。然而,无论是树还是人,这些需要都仅仅是就个体真正发展的开始而言,一旦这些基本需要或种类需要得到满足,每棵树和每个人便开始按照各自独特的方式发展,利用这些需要实现自己的目的。从一种意味深长的意义上说,此时的发展更多取决于内部而非外部。

7. 对环境的依赖性和独立性

安全、归属感、爱和尊重的需要仅能由别人满足,即只能来自自身之外。这意味着很强的环境依赖性。一个处于这种依赖状态的人,着实谈不上统治自己或是掌握自己的命运。他**必须**对满足需要的来源心怀感激。他受他人的愿望、奇想、规则和法则所支配,且必须做出让步,以免危及供应来源。在某种程度上,他**必须**受"他人导向",必须对他人的认可、喜爱和善意保持敏感。换言之,他必须进行适应调整,灵活变通,及时反应,改变自己以适应外部环境。**他**是因变量,而环境是固定的自变量。

因此,受匮乏性动机所驱使的人必定更加惧怕环境,因为环境可能使他遭受失败或挫折。如今我们知道,这种令人忧虑的依赖也会产生敌意。所有这一切意味着自由的丧失,多少则取决于个人的运气好坏。

相比之下，自我实现的个体定义为已经满足基本需要，更加独立，更不易受牵制，更加自主，更加以自我为导向。他们受成长性动机驱使，非但不需要他人，实际上还可能为他人所阻碍。我早已说过，他们尤其喜欢独处、独立与沉思（97，见第十三章）。

自我实现者变得更加自信和独立。现在，支配他们的决定因素主要是内在因素，而非社会或环境因素。这些内在因素包括他们内在本性的规律，他们的潜能和能力，他们的天赋、潜在资源和创造性冲动，他们认识自我及变得整合统一的需要，更加了解真正的自己及自己真正的需要，认识自己的召唤、天职和命运等。

自我实现者较少依赖他人，所以对他人的矛盾情感较少，较少忧虑，较少敌意，较少需要他人的赞扬和喜爱，且对荣誉、声望和奖赏等不太热衷。

自主性或对环境的相对独立性，也意味着相对独立于厄运、挫折、不幸、重压、贫困等不利的外部环境。正如奥尔波特所强调的，认为人类本质上具有反应性，称为"刺激—反应"的人，认为人类会在外部刺激下采取行动，这样的观点就自我实现者而言荒谬至极，根本站不住脚。自我实现者的行动更多是受内因驱使，而非对外部因素的反应。当然，这种对外部世界及其要求、压力的相对独立性，并不意味着与外部世界缺少互动或无视其"需要—特性"。这仅仅意味着在这些接触中，自我实现者的希望和计划，而非来自环境的压力，是首要决定因素。这种状态我称为心理自由，与之对应的是地理自由。

奥尔波特[1]对"机会主义"和"个体自身"对行为决定的对比描述（2），与我们对外因决定与内因决定的对比有异曲同工之妙。这也提醒我们，生物理论家一直认为，自主性和对环境刺激物的独立性的不断提高，是完整的个体性、真正的自由和全部进化过程的界定性征（156）。

8. 利益相关和利益不相关的人际关系

本质上而言，相对于主要受成长性动机激励的人，受匮乏性动机激励的人对他人的依赖要强得多。他们与他人更"利益相关"，对他人更需要、更依恋、更渴望。

这种依赖性歪曲并限制了人际关系。将他人主要看作满足需要者或供应来源是一种抽象行为。他人被从实用性的角度加以衡量，不被当成完整的人或复杂、独特的个体；他们身上与感知者需要无关的东西要么被完全忽略，要么让感知者厌烦、恼怒或受到威胁。这种关系类似于我们与牛、马、羊，与服务员、出租车司机、搬运工人、警察以及其他为我们**所用**的人的关系。

只有对他人无所需要，或**他人**不被需要时，才可能对他们进行无关利益的、无欲求的、客观的整体认知。自我实现者（或身处自我实现阶段的人）更有可能从美学角度认识一个独特的、整

---

[1] 高尔顿·奥尔波特杜撰了 "proprium"（自我统一体）和 "propriate"（来自拉丁语 proprius，意指个体自身）两个词，用来表示深植于人格核心的人的各个方面。详见《人格的本质》【*The Nature of Personality*（Cambridge, MA: Addison-Wesley, 1950）】；《形成》【*Becoming*（New Haven: Yale University Press, 1955）】。

体的人。此外，自我实现者对他人的赞同、钦佩和爱并非因念及他有所用处，而是客观对待，更看重他的内在品质。他人受到敬佩，因其拥有令人钦佩的品质，而非因其会溜须拍马或阿谀奉承；他人受到爱戴，因其值得被爱，而非因其付出了爱。这就是下面即将讨论的亚伯拉罕·林肯所说的无需求的爱。

与"利益相关的"、可以满足需要的人际关系特征之一，是这些可以满足需要的人在很大程度上都可以替换。例如，因为青春期少女需要爱慕本身，那么谁提供这种爱慕并无多大差别，这个爱慕提供者与那个爱慕提供者同样合适。对于爱的提供者和安全的提供者而言也是如此。

知觉者越是渴望满足匮乏性需要，那么从无私、不求回报、不求帮助、无所欲求的角度认知他人，将其看作独一无二、独立自主的个体，了解其本身，换句话说，看作一个人而非一个工具也就越困难。"高上限的"人际心理学，即对人类关系发展的最高水平的理解，不能基于匮乏性动机理论之上。

9. 自我中心和自我超越

当我们试图描述以成长为导向、自我实现者对自身或自我的复杂态度时，我们遇到一个难解的悖论。正是这个自我力量达到高峰的人，最易忘记或超越自我，最能以问题为中心，最容易忘记自身，在活动中最自发自觉，用安吉亚尔的话来说（6），就是同律性最强。这种人对认知、作为、欣赏和创造的专注非常完整、非常和谐、非常单纯。

匮乏性需要越多的人，越难拥有这种以世界为中心，而非以自我为中心、以满足需要为导向的能力。人越受成长性动机激励，则越以问题为中心，应对客观世界时越能放下自我意识。

10. 人际心理治疗和人际心理学

寻求心理治疗的人的主要特征之一，是过去或现在基本需要未能得到满足。神经官能症可以被看作匮乏性疾病。因此，必要的基本治疗方法是，向病人提供其一直匮乏的东西，或让病人自己提供所缺成为可能。由于这些供给来自他人，简单治疗**必定**是人际的。

但是，这一事实却被过度泛化。诚然，匮乏性需要得到满足的人和主要被成长性动机激励的人并不能免受矛盾、不快、忧虑和困惑的困扰。在这种时刻，他们也会寻求帮助，并极有可能求助于人际治疗。但是，受成长性动机激励的人面对问题和矛盾时，通常借助沉思的方式审视内心，即自我探索而非寻求他人帮助，自己独立解决。甚至从原则上来讲，自我实现的许多方面主要是个人内部的，例如，制订计划、发现自我、选择潜能发展、建立人生观等。

在人格完善理论中，必须为自我完善、自省、沉思和冥想留有一席之地。在成长的后期，个人实质上是独自一人，且只能依靠自己，奥斯瓦尔德·施瓦茨（Oswald Schwarz）称为"心理促进学"（151）。如果说心理治疗是治愈病人，消除病态症状的话，那么心理促进学则始于心理治疗停止之处，致力于让无病的人健康起来。我饶有兴趣地从罗杰斯那里注意到，成功的治疗能使病人的威洛比情绪成熟量表平均分数由25%提高至50%（142）。那么谁能将此数字提高到75%或100%呢？难道对此我们不需要新的原则和方法吗？

11. 工具性学习和人格改变

在这个国家里，所谓的学习理论几乎全部建立在目标外在于有机体的匮乏性动机之上，也就是说，基于学习满足需要的最好方法。因此，我们学习心理学的知识尤为有限，仅在生活的微小领域有所用处，也只有其他"学习理论家"真正有兴趣。

学习理论对解决成长和自我实现问题帮助甚微；这里更不需要再三从外部世界满足匮乏性动机的方法。联想学习和渠化学习更多地让位于知觉学习（123），增进领悟和理解，自我认识和人格的稳步成长，即增强协同、整合和内部一致性。改变不再是逐个养成习惯或展开联想，更多的是整个人的彻底改变，即变成一个全新的人，而非像增加身外之物一样只增加一些习惯。

这种性格—改变—学习意味着改变一个非常复杂、高度协调、整体的有机体，反过来这又意味着许多影响根本不会引起变化，因为随着个人越来越稳定，越来越自主，他会拒绝这种影响。

我的研究对象向我报告的最重要的学习经验，最常见的是个人生活经验，例如，不幸、死亡、创伤、交谈、顿悟等，这些经验会迫使个人的人生观发生改变，从而改变他的一切作为（当然，所谓的"消解"不幸或顿悟的时间相当之长，但这也并非联想学习的问题）。

若能达到如下水平，即成长排除了压制和约束，允许个人"做自己"，如它所是、"光彩夺目"而非重复地做出行为，允许个人内在本性的自我表现，则自我实现者的行为是天然的、创造的、释放的，而非习得的，是表现自我的，而非应对他人的（97，p.180）。

12. 匮乏性动机激发的知觉和成长性动机激发的知觉

最终可能得出的最重要差异是，匮乏性需要得到满足的人与存在领域的关系更为紧密（163）。心理学家至今尚未认可哲学家这一尚不清晰，却无疑拥有现实基础的模糊论断。但是，现在看来这种论断的确可能，因为通过研究自我实现的个体，我们见识到各种基本领悟，这些领悟于哲学家而言是老生常谈，于我们而言却是全新的。

例如，我认为，如果仔细研究关心需要的知觉和不关心需要的知觉（即无需求的知觉）的区别，我们对知觉以及被知觉的世界的理解会有很大的改变和扩展。因为无需求的知觉更加具体，不那么抽象，选择较少，个人可能更容易地看清认知的内在本性。而且，他还能同时发现对立、分歧、两极、矛盾和不相容的东西（97，p. 232）。就好像发展不充分的人生活在亚里士多德的世界里，类别和观念之间有严格的界线，相互排斥，互不相容。例如，男性—女性、自私—无私、成人—儿童、善良—残忍、好—坏等。以亚里士多德的逻辑观来看，A 就是 A，任何其他东西都是非 A，两者永远不可能有所重合。但是自我实现者眼中的事实却是，A 和非 A 相互渗透，互为一体，任何人都**既是**好的**又是**坏的，**既是**男性**又是**女性，**既是**成人**又是**儿童。我们不可能把整个人置于一个连续统一体中，只能看到他被抽取出来的一个方面。整体是不可比较的。

当**我们**用"需要—决定"的方式去认知时，可能意识不到这一点，但当他人以同样方式认知**我们**自己时，我们一定会有所察觉，例如，别人只将我们看作金钱给予者、食物供应者、安全提供者、可以依靠者、服务员、其他无名的雇工或达到目的的工具。我们一点儿也不喜欢这种情况。我们希望他人看到的是我们自己，是完整的个体，我们厌恶被当作有用的对象或工具。我们不喜欢"被利用"。

因为自我实现者通常没有必要从别人身上抽取出满足他的需要的品质，一般也不将他人看作他的工具，他们对他人更多地采取不评估、不判断、不干预、不指责的态度，即无所欲求、"不加选择的觉知"（85）。这样就能更清楚、更深刻地知觉和理解实际情况。外科医生和治疗专家都应当努力争取达到这种不纠缠、不参与、超然的知觉，而自我实现者**不需**争取便可如此。

当被知觉的人或对象结构微妙、难解，且不明显时，这种知觉差异最为重要。此时知觉者必须尤其尊重客观对象的本质；此时的认知必须温和、细致、不强加、不苛求，能够像流水般缓缓地渗入裂缝中，顺从地适应事物本质。绝**不能**像"需要—动机"知觉一样，以狂暴的、高于一切的、为自己谋利的、有目的的方式，如同屠夫剖解动物尸体一般塑造事物。

认知世界内在本性最有效的方式，是更善于接纳而非更加主动，尽可能多地为知觉对象的内在结构所决定，少被知觉者自身本性所影响。对具体事物同时并存的所有方面而言，这种超然的、道家的、被动的、不干预的认知，与一些审美体验和神秘体验的描述有众多相似之处。两者强调的重点相同：我们看到了真实的、具体的世界，还是看到投射到真实世界之上的自己的规则、动机、预期和抽象的概念体系？又或者，直白地说，我们看见了还是受到了蒙蔽？

## 需要的爱和非需要的爱

鲍尔比（17）、斯皮茨（59）、利维（91）等人的日常研究表明，对爱的需要是一种匮乏性需要。它是空洞的，必须用爱填充；它是空虚的，必须将爱倾入。如果无法得到治疗的必需品——爱，就会产生严重的病态；如果在适当的时机，获得适量的、适当类型的爱，就能避免病态产生。病态和健康的中间状态与阻遏和饱足的中间状态一致。如果病态还不太严重，且及早发现，可以用替代疗法治愈。换言之，在某些案例中，"爱的饥渴"这种疾病可以通过补偿病理性匮乏而治愈。爱的饥渴是一种匮乏性疾病，像缺少盐或维生素引起疾病一样。

健康的人没有这种匮乏，他们只需少量、稳定、维持剂量的爱，甚至某段时间完全没有都可以，不需要额外接受爱。但是，如果动机问题完全在于满足缺失、摆脱需要，矛盾就会出现。需要的满足会导致其消失，这意味着满足爱的需要的人恰恰**不太可能**给予和获得爱。然而，对较为健康的人的临床研究表明，虽然他们爱的需要得以充分满足，不太需要**获得**爱，却更有可能**给予**爱。从这个意义上讲，他们**更有**爱。

这一研究结果本身暴露了普通动机理论（以匮乏性需要为中心）的局限和"超越性动机理论"（或成长性动机、自我实现理论）的必要性（260，261）。

我早已对存在爱（对另一个人的存在的爱、无需求的爱、无私的爱）和匮乏爱（匮乏性的爱、需要的爱、自私的爱）进行了初步的动态对比（97）。在这里，我只想以这两个对照组为例，阐明上文归纳的一些结论。

1. 存在爱进入意识是受欢迎的，并且受到完全的喜爱。因为它是非占有的、被赞赏的而非被需要的，它不会造成麻烦，实际上还总是带来快乐。

2. 存在爱从不会得到充分满足，却可能得到无尽喜爱。通常它不会消失，而会越来越大。它本质上是令人愉快的，它是目的而非手段。

3. 存在爱的体验常常被描述为与审美体验或神秘体验相同，且具有同等效果（详见关于"高峰体验"的第六章和第七章，或参考文献104）。

4. 体验存在爱的心理治疗和心理促进作用深刻且广泛，这种作用与健康的母亲对自己孩子相对纯洁的爱，或某些神秘主义者描述的对上帝的完全之爱，在性格上的影响是相似的（69，36）。

5. 毫无疑问，相对于匮乏爱（所有存在爱者之前都体验过）而言，存在爱是一种更丰富、更"高级"、更有价值的主观体验。在研究报告中，我的其他年龄较大、较为典型的研究对象也谈到过对存在爱的偏爱，他们中的许多人同时体验了不同组合形式的两种爱。

6. 匮乏爱**能够**得到满足。"满足"这一概念几乎完全无法应用于对另一可赞、可爱之人的赞赏之爱。

7. 存在爱中存在最小量的忧虑和敌意，实际上，甚至可以认为其不存在。当然，有可能是为他人而忧虑。而匮乏爱中总会存在一定程度的忧虑和敌意。

8. 存在爱者相互之间更加独立，更加自主，嫉妒或威胁更少，需要更少，更加个人，更加无私，但同时又更加渴望帮助他人自我实现，更容易为他人的胜利而感到自豪，更加利他、更加慷慨、更加善于培养。

9. 存在爱使最真实、最深刻地知觉他人成为可能。正如我所强调的，存在爱的知觉活动既是认知反应，又是情感意动反应（97，p.257）。这一点让人印象深刻，且多次为其他人的后来体验所证实，因此，我不认同"爱使人盲目"这种常见的陈词滥调，而是越来越认为，恰恰相反，无爱使人盲目。

10. 最后，我可以说，存在爱缔造合作者，这一说法虽然深奥但却可以检验。存在爱给合作者一种自我意象，一种自我接纳和值得爱的感觉，这一切都让他得以成长。没有存在爱，人能否充分发展，这的确是个问题。

# 第四章 防御和成长

本章最初是马斯洛于1956年5月10日在美林—帕默尔学校成长讨论会上做的一篇演讲。这次大会的讨论重点是儿童成长，因此本章频繁提及"儿童"一词。尽管马斯洛发现自我实现者和纯洁的儿童的特征之间存在重要相似之处，在众多作品中，他仅在此处特别研究了儿童的发展问题。

本章试图使成长理论更加系统化、体系化，因为一旦我们接受成长的概念，许多细节性问题就会随之产生。例如，成长是如何发生的？儿童为何成长，或为何不成长？他们如何知道成长的方向？他们又如何避开病态的方向？

毕竟，自我实现、成长和自我等都是高度抽象的概念。我们必须进一步接近实际过程、原始数据、具体的真实事件。

自我实现、成长等都是远期目标。健康成长的婴儿和儿童不为远期的目标或长远的未来而活，他们忙着快乐地生活，自然地活在当下。他们**正在生活**，而非正在**准备**去生活。他们如何能做到只是自然地存在，追求享受当前活动，不努力成长，却仍然能一步步前进，健康地成长，发现真正的自我呢？我们如何协调存在和形成的事实呢？成长并非前方一个简单的目标，自我实现和自我发现亦非如此。在儿童时期，成长不是刻意为之，而是自然发生。与其说儿童在探索，不如说他是在发现。匮乏性动机和目的性应对的规律不适用于成长、自发性和创造性。

单纯的存在心理学的危险在于其偏向静态，无法解释运动、方向和成长的事实。我们倾向于将存在、自我实现描述为完美的涅槃状态。达于斯，止于斯，好像你只能维持一切于完美状态。

我认为满意的答案其实相当简单，换言之，若前进的下一步比之前获得的让人熟悉甚至厌倦的满足，在主观上更令人愉快、高兴，本质上更让人满意；若我们了解对自己来说最好的唯一途径是其让人主观感觉良好、无可替代，成长就会发生。新的体验可以证实**自身**，无须外界标准的评判，它是自我辩护、自我证实的。

我们这样做不是因为对自己有好处，或得到心理学家支持，或有人要求，或能让我们更长寿，或有益于人类，或能带来外部奖励，或符合逻辑；原因与我们选择这一道甜点而不选择另一道相同。我早已将其描述为相爱或择友的基本机制，即吻这个人比吻另一个人更让人快乐，与a交友比与b交友主观上更令人满意。

用这种方式，我们了解到自己擅长什么，真正喜欢什么和不喜欢什么，以及自己的品位、判断和能力。总之，这就是我们发现自我，回答"我是谁，我是怎样的人"的终极问题的方式。

迈步和抉择是完全自主的、由内而外的行为。健康的婴儿或儿童，只是存在，作为自身存在的一部分，他只是随意、自发地好奇、探索、疑惑和感兴趣。甚至在没有目的、无须应对、自然地表达自我时，他也倾向于尝试验证自己的能力，靠近世界，为其所吸引、着迷，对其感兴趣、好奇，并操控这个世界。探索、操纵、体验、感兴趣、选择、高兴、享受，都可看作纯粹存在的特性，虽然这是以一种偶然的、无计划的、没有预期的自发方式进行的。自发的创造性体验可以在无预期、无计划、无预见、无目标的情况下发生，而且的确发生过。[1]只有当儿童充分满足自己，感到无聊时，才可能转向其他乐趣，或许"更高级的"乐趣。

如此一来，必然产生如下问题。是什么让他退缩？是什么在阻碍成长？哪里存在冲突？除了向前成长还能如何？为何对有些人而言向前成长如此艰难痛苦？在这里，我们必须更充分地认识未满足的匮乏性需要的固着力和后退力，安全和保障的吸引力，针对痛苦、恐惧、失败和威胁的防御和保护机能及成长所需的勇气。

每个人身上**都有**两组力量。一组出于恐惧，紧紧依附安全和防御，留恋过去，倾向于后退，**害怕**脱离与母亲的子宫和乳房的原始联系，**害怕**冒险，**害怕**损害已有的东西，**害怕**独立、自由和分离。另一组推动他向前，帮助他塑造完整、独特的自我，充分发挥所有能力，建立面对外在世界的信心，同时接受最深处、最

---

[1] "但矛盾的是，艺术体验却无法有效地用于这种情况或其他。就我们对'目的'一词的理解，体验必须是无目的的活动，只能是存在体验——作为人类有机体做必做之事及有特权之事，敏感、完整地体验人生，依自己的风格做出努力、创造美，而提高的敏感度、完整感、有效性和幸福感则是副产物。"（179, p. 213）

真实的无意识自我。

上述内容可以用一个图式来表示，图式虽然简单，但启发性和理论性都很强。我设想无论现在或将来，这个防御力量和成长趋势的基本困境或冲突都存在，且嵌在人的本性最深处。如下图所示：

**安全**⟵――――＜人＞――――⟶**成长**

然后我们可以轻而易举地将各色成长机制做如下简单划分：

1. 增强成长方向的矢量，例如，使成长更具吸引力、更令人愉悦；
2. 成长恐惧最小化；
3. 安全方向的矢量最小化，即降低其吸引力；
4. 安全、防御、病态和后退等恐惧最大化。

然后，我们可以在图式里增加如下四组效价：

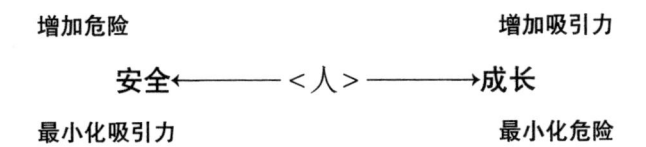

**增加危险**　　　　　　　　　　　　**增加吸引力**
**安全**⟵――――＜人＞――――⟶**成长**
**最小化吸引力**　　　　　　　　　　**最小化危险**

因此，我们可将健康成长的过程看作一个永不完结的自由选择情境系列，人一生每时每刻都在面对这种情境，不得不在安全和成长、依赖和独立、后退和前进、不成熟和成熟之间做选择。安全既让人忧虑，也让人愉悦；成长亦是如此。当成长的乐趣和对安全的忧虑大于对成长的忧虑和安全的乐趣时，我们向前成长。

迄今为止，上述内容貌似是自明之理，但对竭力做到客观、公开、行动主义的心理学家而言却并非如此。心理学家进行过多次动物实验和大量理论推理，才说服研究动物动机的学生，为了解释目前得出的自由选择实验结果，除了考虑减少需要外，必须借助于 P. T. 杨所说的快乐因素。例如，糖精无论如何也不能减少需要，但白鼠还是选择糖精而不选择白水，这种结果**一定**与糖精（无用的）味道有关。

此外需要注意的是，主观的快乐体验可以为**任何**有机体所拥有，例如，婴儿可以有，成人也可以有；动物可以有，人类也可以有。

在我们面前出现的这种可能，对于理论家而言非常有吸引力。也许，自我、成长、自我实现和心理健康等所有这些高级概念，都可纳入解释动物偏好实验、婴儿喂养和职业选择的自由选择观察和对稳态的丰富研究的体系中（27）。

当然，"成长经由快乐"这一构想，必然让我们做出如下假设：感觉不错的东西，从成长的意义上讲，对我们"更好"。我们相信，如果**真正**有选择自由，且选择者对此不是太过厌恶或害怕，那么他多半会做出有益健康和成长的明智选择。

这个假设已经为众多实验所证实，但实验主要以动物为研究对象，尚需对人类的自由选择进行详细研究。我们必须在已有知识的基础上，从本质和心理动力两个层面，进一步了解做出坏选择和不明智选择的原因。

我想将"成长经由快乐"的思想系统化的原因还有一个：我发现这一思想可以与动态理论很好地结合，弗洛伊德、阿德勒、荣格、沙赫特尔、霍妮、弗洛姆、伯罗（Burrow）、赖希（Reich）、兰克（Rank）等人的动态理论，以及罗杰斯、布勒、库姆斯（Combs）、安吉亚尔、奥尔波特、戈尔茨坦、默里、莫斯塔卡斯（MoustaKas）、波尔斯（Perls）、布根塔尔（Bugental）、阿萨鸠里（Assagioli）、弗兰克尔（Frankl）、朱拉德（Jourard）、梅、怀特（White）等人的理论**都**与之十分相符。

我批判传统的弗洛伊德主义者，因为他们（在极端情况下）倾向于将一切病态化，对人向健康发展的可能性看得不够清晰，戴着棕色眼镜看待一切。但是成长学派（在极端情况下）也同样存在弱点，因为他们易于戴着玫瑰色眼镜看待事物，总是回避病态、弱点和成长**失败**等问题。前者像仅有邪恶和罪恶的神学；后者像不存在丝毫邪恶的神学。两者同样不切实际，都是错误的。

安全和成长之间还有一层关系必须提及。显然，通常向前成长总是以很小的步子迈进的；在感觉安全时，感觉向外探索未知有个安全的母港时，感觉勇敢冒险而有退路时，成长才会前进一步。我们可以用学步小孩离开母亲走向陌生环境为例：较为典型的情况是，小孩用眼睛探索房间时，先是紧紧抓住母亲，然后大着胆子离开母亲一点儿，同时不断安慰自己母亲的保护还在，这样离开的距离越来越大。小孩就是用这种方式探索危险、未知的世界。如果母亲突然消失，小孩就会陷入焦虑，不再对探索世界感兴趣，只希望能重新感到安全，甚至还可能失去能力，例如，他可能只敢在地上爬，不敢走路。

　　我想我们完全可以根据这个示例进行概括。安全得到保证后，更高级的需要和冲动就会出现，逐渐发展并占据支配地位；危及安全，意味着后退到更基本的位置。这意味着在放弃安全和放弃成长之争中，安全通常会胜出。安全需要比成长需要更具优势性。这是对基本公式的一种扩展。一般而言，只有感到安全的儿童才敢于健康地成长，他的安全需要必须得到满足。不能**推着**儿童前进，因为未满足的安全需要会永远潜伏，一直要求被满足。安全需要被满足得越充分，对儿童的效价越少，吸引力越小，**越**不会影响他的勇气。

　　那么我们如何知道儿童何时感到足够安全从而敢于向前迈出新的一步？归根究底，唯一的方法就是看**他的**选择，也就是说，只有**他**真正知道前方召唤力量胜过后方召唤力量、勇气压倒恐惧的正确时机。

　　最终，人，甚至儿童，都必须为自己选择。别人不能频繁地替他选择，因为这样做会使他衰弱下去，失去自信，扰乱他在经验中察觉自己的内在快乐、自己的冲动、判断和感觉及区分自己和他人的内化标准的能力。[1]

---

1　"从拿到包装盒的那一刻起，他就感觉有用它做什么东西的自由。他打开它，猜测它，认出它，表达喜悦或失望，注意到盒内物件的排列，找到一本说明书，感受钢的触感，感觉到零件的不同重量和数量等。他先做了这些，才试图用这组零件做一个东西。接着，他突然有了用它做成某种东西的冲动，也许他只是将一个零件与另一个相匹配，仅仅如此，他便感到自己做了一些事情，可以有所作为，并非对那个零件无能为力。无论后来的模型是什么，无论他的兴趣是否扩展到想要使用整套零件，进而获得更大的成就感，还是完全放弃，他与这组零件的初步接触是有意义的。（见下页）

如果的确如上所述，儿童最终必须自己做出成长的选择，因为只有他知道自己的主观快乐体验，那么我们应该如何调和信任个人内在的终极需要和外界帮助的需要呢？如果他的确需要帮助，没有帮助便害怕不已，不敢前进，我们该如何帮助他成长？同样重要的是，我们怎样做会危害他的成长？

就儿童而言，主观快乐体验（信任他自己）的对立面是他人的看法（爱、尊重、赞同、赞赏、他人的奖励、信任别人而非自己）。因为他人对无助的婴儿和儿童至关重要，担心失去他们（视他们为安全、食物、爱、尊重等的提供者）便成为最主要、

---

（接上页）"主动体验的结果可大致概括如下：主动体验包含身体的、情感的和智力的自我参与；是对个人能力的认知和深度探索；是能动性和创造性的开始发挥；是找到专属自己的步伐和节奏，以及特定时刻个人承担任务的能力，包括避免承担太多任务的能力；是获得能用于其他事情的技能；是个人每次都有机会在某种事情上发挥积极作用，无论作用多么微不足道，从而发现自己更多的兴趣。

"上述情况可与下列情况形成对比：一个人带回一套组装玩具，对孩子说：'这是一套组装玩具，我来给你打开。'他打开包装，一一指明盒子中的东西，说明书、各种零件，等等，更有甚者，他动手组装其中一个复杂的模型，比如说，一架起重机。孩子可能对他的所作所为非常感兴趣，但是让我们来关注实际情况的另一方面。孩子没有机会使自己的身体、智力还有情感参与到组装活动中；他没有机会亲自匹配这个对他来说是新的某种东西，不能认识自身能力并深入了解自己的兴趣。替孩子组装起重机可能产生另一影响，这可能传达出一种含蓄的要求，要求孩子在面对任何如此复杂的任务时，要同样做到，不需要有准备的机会。结果就形成目的，代替了包含在目标实现过程中的体验。并且，无论他后来独立做什么，与之前别人替他做的相比，都会显得无足轻重、平淡无奇。他没能获得下次应对新事物的经验。换言之，他没有从内部成长，而只是外部力量强加于身……每一点主动体验都是一次机会，让他发现自己的好恶，进一步了解自己想成为什么样的人。这是孩子成熟和自我引导的关键。"（186，p.179）

最可怕的威胁。因此，在自己的快乐体验和他人的赞赏之间进行艰难选择，儿童通常会选择他人的赞赏，而对自己的快乐，或加以抑制，或使其消失，或故意忽视，或用意志力控制。总之，这种行为产生的后果是，对快乐体验不认可，感到羞愧、难堪，想要加以掩饰，最终失去体验快乐的能力。[1]

---

1 "怎么可能丧失自我？这种不可思议的、未知的背叛行为始于孩童时期秘密的精神毁灭——当我们不再被爱且被剥夺自发愿望时。（请思考：还剩下什么？）但是——这不是简单的精神谋杀，精神谋杀可以一笔勾销，年幼的受害者甚至可能'随着成长无视它'——但如果受害者也在不知不觉中逐渐参与其中，这就是完美的双重犯罪。人们不接受**真实的他**。当然，他们'爱'他，但却希望他或强迫他或期待他有所不同！因此，他**一定不被接受**。他自己也学着相信这一点，最后甚至认为这是理所当然的。他真正放弃了自己。现在，不管他是顺从，是依恋，是反抗，还是离开——他的行为，他的表现全部是这种情况的说明。他的重心放在'他们'身上，而不是自己身上——就算他自己注意到这一点，也会认为这很自然。整件事貌似非常合理，一切都是无形的、自动的、匿名的！

"这是一个完美的悖论。一切看起来都很正常；没有故意实施的犯罪；没有尸体；没有内疚。我们能看到的只是太阳照常东升西落。但是发生了什么事情？他惨遭抛弃，不仅被他人拒绝，还被自己抛弃。（现在他实际上没有了自我）他失去了什么？他失去的恰恰是他真实且重要的那一部分：他的肯定感，这是他成长所需的能力，是他的根基。但是，哎，他没有死亡。'生活'还在继续，他也必须继续。从放弃自己的那一刻开始，到走到今天这一步，他完全在不知不觉中开始创造并维持了一个伪自我。但这也是权宜之计——伪自我是没有渴望'自我'的。这个自我应在他受鄙视（感到恐惧）时被爱护，在他软弱时变坚强；为了生存而非消遣或乐趣而运动（尽管动作很滑稽）；不是因为他想动，而是因为他必须服从。这种需要不是生活——不是他的生活——这是一种面对死亡的防御机制，同时也是死亡机器。从现在起，他会遭受强迫性的（无意识的）**需要**蹂躏或被（无意识的）矛盾折磨至无力，每一个动作和每一个瞬间，强迫性的需要和矛盾都在侵蚀他的存在和完整性；与此同时，他还得伪装成一个正常人，并像正常人那样表现！

"总之，我发现，我们在寻求或防护伪自我和自我体系时，**变得**神经质；在无自我时，**就是**神经质。"（7，p.3）

那么，根本问题就在于，选择他人的自我还是自己的自我？如果坚持自我的唯一方式是失去他人，那么儿童一般会放弃自我。的确如此，原因上文已经提及，即对儿童而言，安全是最基本、最具优势性的需要，远比独立和自我实现重要得多。如果成人强迫儿童在失去一个（较低级但较强烈）重要需要和另一个（较高级但较微弱）重要需要之间做出选择，他一定会选择安全，哪怕以放弃自我和成长为代价。

（从原则上讲，没有必要逼迫儿童做这样的选择。然而，由于自身的病态和无知，人们却常常这样**做**。我们之所以知道这种做法没有必要，是因为有足够的例子说明，儿童在同时面对一切高级需要时，可以不需付出巨大代价，既获得安全和爱，**又**获得尊重。）

我们可以从治疗情境、创造性教育情境、创造性艺术情境以及创造性舞蹈教育中获得重要的教益。如若创设情境氛围是自由的、赞赏的、赞美的、认可的、安全的、愉快的、安抚的、支持的、没有威胁的、不评判的、不比较的，则个人感到绝对安全、不受威胁，他便可能表现出各种次要的快乐情绪，例如，敌意、神经质的依赖等。一旦这些次要情绪得到充分宣泄，他便自发地转向外人认为"更高级"或转向成长的其他快乐，如爱、创造性等。两种快乐都体验过后，他会更喜欢第二种。（治疗师、教师、帮助者等认同哪种外显理论区别甚微。真正优秀的治疗师可能信奉悲观的弗洛伊德理论，但**行事作风**却好似相信成长的可能性。真正优秀的老师可能口头上对人的本性持极其乐观的态度，在教学实践中却**暗中**表现出对后退力量和防御力量的充分理解和尊重。当然，非常现实和全面的哲学也很有可能在实践、治疗或教学、家教上行不通。只有尊重恐惧和防御的人，才能够去教学；只有尊重健康的人，才是可以进行治疗的人。）

这种情景下存在部分悖论，甚至"坏"的选择实际也可能"有益于"患神经症的选择者，至少从他的状态来看可以理解甚至是必需的。我们知道，强行或太过直接地去除神经官能症状，或创设紧张情境，打破患神经症的选择者对痛苦领悟的防御，从而达到上述目的；这些行为会让选择者彻底垮掉。这就涉及成长的步伐问题。优秀的父母、治疗师和教育者的**实践**又一次让人刮目相看，好似他们理解，若要使成长看上去不像巨大的危险，而是令人愉悦的前景，亲切、温和、尊重恐惧、理解防御力量和后退力量的天然性等都十分必要。他表示理解成长只能出自安全的道理；**认为**如果一个人的防御非常严格，一定事出有因，即便知道孩子"应该"走哪条道路，他也愿意耐心等待，体谅理解。

从动态视角来看，只要我们认可两种智慧，防御智慧和成长智慧，实际上最终**所有**选择都是明智的。（请见第十二章对第三种"智慧"，即健康的退行的讨论）防御可以和冒险一样明智，这取决于特定的人，他的特定状态以及他做出选择的特定情境。若选择安全能避开超出个人承受范围的痛苦，则此选择是明智的。如果希望帮助他成长（因为我们知道连续选择安全终究会给他带来灾难，而且会剥夺他自己享受成长的可能性，只要他能品尝的话），那么我们能做的一切，便是在他请求帮助他摆脱痛苦时施以援手，或者让他感觉安全，同时示意他继续前行，**尝试**新的体验，如同母亲张开双臂鼓励婴儿走路一样。

我们不能**强迫**他成长，只能加以哄劝，让成长变得更为可能，坚信他只要尝试新体验就会更喜欢成长。**只有**他能更喜欢成长，别人不能代替他喜欢。若成长注定成为他的一部分，则**他**必须喜欢它。如果他不喜欢，我们必须通情达理地让步，承认当前时机不对。

这意味着，就关注成长过程而言，病态儿童应和健康儿童应得到同等的尊重。只有他的恐惧得到尊重和认可，他才有勇气变得勇敢。我们必须理解，黑暗力量和成长力量一样"正常"。

这是一个棘手的任务。因为这既意味着我们知道什么对他最好（因为我们**的确**在召唤他向我们选择的方向前进），又意味着从长远来看，只有他了解什么对自己最好。这还意味着，我们应当只是**提建议**而极少强迫。我们必须充分准备，不仅要召唤他向前，还要尊重他后退舔舐伤口、恢复体力、在安全有利的位置审视情况，甚至在他后退到先前"低级"快乐主导的位置时也要表示尊重，如此，他才能重拾成长的勇气。

这里又是帮助者施展身手的地方。帮助者为人所需，不仅因为他能帮助健康儿童有所成长（在健康儿童需要时"可用"），其他时候自动退让；更因有人"陷于"固执、严格防御和安全措施中，失去成长的可能，情况极为紧急，迫切需要他的帮助。神经官能症具有自我延续的倾向，性格结构同样如此。我们可以等待生活向他证明他的体系不起作用，即让他最终陷入神经质的痛苦中；或者可以理解他，帮助他尊重和了解自己的匮乏性需要和成长性需要，然后助他成长。

这相当于道家[1]"顺其自然"思想的修订版，纯粹的"顺其自然"通常不起作用，因为成长中的儿童需要帮助。这个修订版可以阐述为"给予帮助的顺其自然"，是一种有关**爱**和**尊重**的道家思想，不仅承认成长和使成长向正确方向前进的特定机制，也承认并尊重成长的恐惧、成长的缓慢速度、阻碍、病态以及不能成长的原因；它认可外部环境在成长中的地位、必要性及其提供的帮助，却不让其占支配地位。它了解成长的机制，使内部成长得以实现，它愿意帮助成长，而非仅仅抱有希望或被动地表示乐观。

前述内容都与我在《动机与人格》一书中提出的一般动机理论有关，尤其是需要的满足理论有关，我认为这是人类健康发展的最重要的根本原则。这一将复杂多样的人类动机结合在一起的整体性原则是，较低级的需要得以充分满足后，会出现较高级的新需要倾向。有幸正常、健康生长的儿童，其需要得到满足，且对充分体验的快乐感到**厌烦**，会**热切地**（没有压力）寻求更高级、更复杂的快乐，前提是这些快乐能为他所得且不存在危险或威胁。

这一原则不仅可以在深奥的儿童动机动力学中看到范例，而且在微观上，在他的任何更普通活动的发展中有所体现，例如，在学习读书、溜冰、画画或跳舞上。儿童掌握简单单词后会非常喜欢它们，但不会止步不前。在适当的气氛中，他会自发表现出

---

[1] 道教是起源于古代中国的哲学运动，主要思想基于圣人老子所著的《道德经》。其主要思想是：紧张和斗争是徒劳的、适得其反的；明智的方法是辨别事件的自然形态和流向，自发地顺流而动。《道德经》里这种观点的经典描述为：天下神器，不可为也，不可执也。为者败之，执者失之。《道德经》在书店中被归入"宗教与哲学"一类，有多种英译本。

继续掌握更多、更长的单词以及更复杂句子等的愿望。如果他被迫停留在简单的水平，他会对之前令他快乐的东西感到厌烦且变得焦躁不安。他**希望**前进、运动、成长。只有在下一步遇到挫折、失败、反对、嘲笑时，他才停止或后退，此时我们会面对错综复杂的病态变化和神经质损伤，在这种情况下，冲动仍然存在但未能实现，甚至可能出现冲动或能力丧失的情况。[1]

我们最终总结出一种按层次排列多种需要原则的主观手段，这一手段可以引导个人"健康"成长。按层次排列需要的原则适合于任何年龄。即便已成年，恢复觉察自己快乐的能力仍是重新发现牺牲的自我的最好方法。治疗过程帮助成年人发现，对他人

---

[1] 我认为，可将这一普遍原则运用于弗洛伊德的性心理发展阶段理论中。口腔期婴儿的快乐大多来自口腔活动。一种被忽略的特殊乐趣是熟练掌握的乐趣。我们应该记住，婴儿能很好、有效地做的唯一的事情就是吸吮，对其他任何事情都无能为力；而且，正如我所设想的那样，这就是自尊的早期形式（掌控感），这是婴儿体验熟练掌握（效率、控制、自我表达、意志）的快乐的唯一方法。

但是，他很快获得了其他的掌握和控制能力。在这里，我指的不仅是那种在我看来虽然正确，但被夸大了的肛门控制。在所谓的"肛门期"，运动能力和感觉能力得以充分发展，从而带来快乐和掌控感。但这里的重点是，口腔期婴儿对口腔的掌控逐渐表演完毕，并开始感到厌烦，正如他开始对单纯的牛奶感到厌烦一样。在自由选择的情境中，他倾向于放弃乳房和牛奶，转而寻求更复杂的活动和口味，或想方设法将这些"高级"的发展加诸乳房。假如得到充分满足、拥有选择自由、没有威胁，他会逐渐"成长"，离开口腔期并自己放弃口腔活动。他不需要被"敲打、推动着向前迈进一步"，或像人们常常暗示的那样，被强迫成熟。他选择成长，寻求更高级的快乐，厌倦旧的快乐。只有在遭受危险、威胁、失败、挫折或压力等时，他才会后退或停止；这时的他比起成长更喜欢安全。当然，自我克制、延迟满足和承受挫折的能力对他的信心十分必要，我们也知道不加节制的满足非常危险。但是无可否认，对基本需要的充分满足是必要条件，相比这一原则，上述限制都是次要的。

认同的孩子气的（压抑的）需要不再以孩子气的形式和程度存在，失去他人的恐慌，以及随之而来的虚弱、无助与被抛弃的感觉都不再像童年那样逼真或合理。相对于儿童，他人对成年人而言可能且应该没那么重要。

因此，我们最后的总结如下：

1. 健康自发的儿童，自发地、发自内心地、响应自己内在存在地、满怀好奇地、兴致勃勃地与外界接触，充分表现所有技能。

2. 只要他未被恐惧打垮，就会感到相当安全，从而敢于前进或挑战。

3. 在这一过程中，给他快乐体验的东西是偶然遇到的，或由帮助者提供的。

4. 他必须是充分安全且能自我接纳，才能选择并偏爱这些快乐，而不被它们吓倒。

5. 如果他**能够**选择那些由快乐证实的体验，那么他就能返回这种体验，反复体验、欣赏，直至饱足、厌腻或厌烦。

6. 此时此刻，他表现出进展到更复杂、更丰富的体验上去的倾向，并且以同样的形式完成它（当然，前提是他感到相当安全，从而敢于前进或挑战）。

7. 这种体验不仅意味着前进，还对自我有反馈效应，分别对确定感（"这个我喜欢；那个我**不太确定**"）、能力感、掌控、自信、自尊产生影响。

8. 生活包括一系列永无休止的选择，一般可扼要概括为安全（更广义来讲是防御）和成长的选择，因为只有儿童已经感到安全，不再有安全需要，我们才可以期待安全需要得到满足的儿童做出成长的选择。只有他敢冒险前进。

9. 为了使做出的选择顺应其本性且促进其本性发展，应容许儿童保留快乐和厌烦的体验，以此作为他正确选择的重要标准。另一标准是按照他人的愿望进行选择，此时会丧失自我，且只剩下安全一个选项，因为儿童出于恐惧（担心失去保护、失去爱）会放弃对自己快乐体验标准的信任。

10. 若选择是真正自由的，且这个儿童未被严重伤害，我们就可以期望他一般会选择向前发展。[1]

11. 有证据表明，从旁观者知觉的长远目标来看，健康的儿童喜欢且感觉良好的东西，通常对他来说也是"最好的"东西。

12. 在这一过程中，外界环境（父母、治疗师、老师）以不同的方式发挥各自的重要性，尽管最终选择必须由儿童自己作出：

a. 外界环境可以满足儿童对安全、归属、爱和尊重的基本需要，让他感觉不受威胁、自主自发、兴致勃勃，从而敢于选择未知；

b. 外界环境可以使成长选择更有吸引力、危险性更小，让后退选择更无吸引力、代价更高。

13. 如此一来，存在心理学和形成心理学可以相互协调，儿童坚持自我也能前进和成长。

---

[1] 这是一种极其常见的虚假成长，通常发生于个人试图说服自己（通过压抑、否认、反应—形成等）一项未被满足的基本需要实际已经得到满足，或根本不存在时。此时，他允许自己向上成长到更高级的需要层次，当然，从此之后，他会一直处于根基不稳的状态。我称为"绕开未满足需要的假成长"。这种未满足的需要会成为无意识的力量持续下去（反复强制）。

# 第五章 认知需要和认知恐惧

本章是马斯洛于1961年在塔夫斯大学所做演讲的部分内容的修订稿。

## 畏惧知识,逃避知识:认知的痛苦和危险

从我们的观点来看,弗洛伊德最伟大的发现是,许多心理疾病产生的重要原因是畏惧了解自己——自己的情绪、冲动、记忆、能力、潜力及自身命运。我们发现,对自身了解的恐惧通常与对外界了解的恐惧同型且并行存在。换言之,内在问题与外在问题极其相似且彼此相关。因此,我们仅仅讨论一般意义上的畏惧知识,对畏惧内部知识或外部知识不做严格区分。

通常,这种畏惧是在保护自尊、保护我们对自己的爱与尊敬,从这个意义上讲,这是一种防御性畏惧。我们易于害怕那些知识,那些使我们鄙视自己,或让我们感觉自卑、软弱、无用、

邪恶或可耻的知识。我们通过压抑和与之类似的防御保护自己，维护各自的完美形象，这种做法实际上是我们避免知道不愉快或危险事实的一种技巧。在心理治疗中，我们采取策略，持续回避了解痛苦的真相，抵制治疗师试图帮助我们看清事实，这种策略叫作"抵抗"。治疗师的所有技术都是揭示真相的某种方法，或使病人坚强，从而令其承受事实。（"对自己完全诚实是个人能做出的最好努力。"——西格蒙德·弗洛伊德）

但是，我们还试图回避另一种真相。这种真相能引起另一种恐惧、敬畏，让人感觉软弱、信心不足（31），因此，我们不仅始终存在病态心理，且总是试图回避个人成长。所以，我们发现另一种抵抗，否认自己最优秀的一面，否认自己的天赋、最好的冲动、最大的潜力，以及自己的创造性。总之，这是在反对我们自身的伟大，畏惧自身的**自大**。

这里，我们想到自己文化中亚当和夏娃的神话，以及那棵严禁碰触的危险的知识之树，这一点与许多其他文化相似，都认为终极知识只能为神灵所有。大多数宗教都存在反智主义倾向（当然也有很多其他倾向），偏爱信仰、教义、虔诚而非知识，或者感觉**某些**形式的知识太过危险，不宜接触，最好加以禁止或保留给少数特殊人物。在多数文化中，那些胆敢找出神灵秘密且公然反抗他们的革命分子都受到了严厉惩罚，例如，亚当和夏娃，普罗米修斯和俄狄浦斯，且被其他人引以为戒——不要企图成为神一样的人。

其实，简明扼要地说，正是内心神性的一面让我们矛盾不已，既感到着迷又非常惧怕，既是奋斗的目标又是防御的对象。

这是人类基本状态的一个方面：我们既是微不足道的小人物，又是至高无上的神灵（178）。我们的每一个伟大的创造者、每一个神一样的人都已证实，在长期的创造、确认新事物（与旧事物相对）的孤独时刻，勇气的存在不可或缺。这是一种勇敢，一种独当一面，一种蔑视，一种挑战。一时的惊恐是可以理解的，但必须克服才能使创造成为可能。因此，发现自身伟大天赋自然令人愉悦，但随之而来的是对作为领导者、成为完全孤独的人需承担的危险、责任和义务的畏惧。责任可能被看成是沉重的负担，成为必须尽可能长久回避的东西。想象一下当选总统的人描述的感受，敬畏、谦卑，甚至惊骇，各种情感交织，五味杂陈。

一些标准的临床案例可以说明不少问题。首先是女性治疗中相当常见的现象（131）。许多杰出的女性无意识中都会对智力和男子气概进行辨别。她可能认为探究、调查、好奇、证实、发现等都是非女性化行为，尤其在她男子气概不稳定的丈夫因此受到威胁时。许多文化和宗教都阻止女性学习和掌握知识，我认为采取这种措施的动力原因之一是希望保持她们"女性化"（在施虐—受虐的意义上）；例如，女性不能做牧师或拉比（103）。[1]

---

[1] 显然，《需要与成长：存在心理学探索》初次出版后情况发生了改变。女性可以按英国国教的传统被任命为神职人员，也可以在新教教派中担任牧师；还可以在改革派犹太教和保守派犹太教中成为拉比。值得注意的是，马斯洛是首批认真对待女性心理学的心理学家之一。详见马斯洛早期论文《女性的支配倾向、人格和社会行为》【Dominance, Personality, and Social Behavior in Women，发表于《社会心理学杂志》(*Journal of Social Psychology*)，1939，10，pp. 3-39】和《女人的自我尊重（支配性感觉）和性欲》【Self-Esteem (Dominance-feeling) and Sexuality in Women (*Journal of Social Psychology*，1942，16，pp. 259-294)】。

胆小的男人可能也认为探索性好奇对他人有一定的挑战性，似乎通过成为聪明的人和找出真相就能使他成为自信勇敢、在一定程度上具有男子气概的人——虽然他无法证实其中的关联，且会招致其他更年长者、更强者的愤怒。儿童也可能认为探索性好奇是在冒犯神灵，即全能的成人的特权。当然，这种互补态度甚至在成人身上更为常见。成人经常认为孩子无休止的好奇心令人厌烦，有时甚至造成威胁或危险，尤其是涉及性的问题时。赞同并欣赏孩子好奇心的父母仍然很罕见。受剥削的人、被压迫的人、弱小的少数群体或奴隶群体中也存在类似情况。[1] 他们可能害怕知道太多，畏惧自由探索，因为这可能会惹怒他们的首领。这种群体中普遍持有假装愚蠢的防御性态度。无论如何，剥削者或专制统治者出于形势的考虑，不可能鼓励被剥削者或下属好奇、学习或获取知识。知道太多的人可能会造反。被剥削者和剥削者被迫承认知识与适应性良好的优秀奴隶不相容。在这种情况下，知识是危险的，且**相当**危险。弱小、从属和低自尊的状态抑制了认知需要。猴王确立统治地位的主要方式是肆无忌惮、目不转睛地直

---

[1] 这些话写于1961年，20世纪60年代的民权运动即将全面展开之时。作为一个成长于20世纪二三十年代的犹太人，马斯洛一直对"被压迫的人、弱小的少数群体或者奴隶群体"，尤其是非裔美国人有强烈的认同感。1968年他在一篇杂志专访中提到，他从小被叫作"非犹太社区的那个犹太小男孩。有点像在白人学校里上学的第一个黑人小孩"。引自《与亚伯拉罕·马斯洛对话》(M. H. Hall, "A Conversation With Abraham H. Maslow", in *Psychology Today*, 1968, p. 37)。他在1967年7月30日一篇与民权运动有关的日记中写道："我们必须爬上满足必要基本需要的整个阶梯，这其中包括安全与保障、手足之爱、尊严、自尊，更不用说正义、忠实等美德。"引自理查德·劳瑞主编的《亚伯拉罕·马斯洛日记（共两卷）》【*The Journals of A. H. Maslow* (Monterey, CA: Brooks/Cole, 1973), Vol. 2, p. 810】。

接凝视（103）；而处于从属地位的猴子则低眉顺眼、避开猴王的目光。

让人不快的是，这种情况在教室里也时常出现。真正聪明的学生，总是积极地提问题，满怀好奇地探索，尤其是当他比老师聪明时，就会被视为"狡猾的家伙"，会对纪律造成威胁，挑战老师的权威。

"认知"在潜意识中可能意味着支配、征服、控制，甚至蔑视，这种现象可以从窥淫癖患者身上看到，窥淫癖患者对其所窥视的裸体女性有种掌控感，好像他的双眼是帮助其强奸的控制工具。从这个意义上讲，许多男性都是窥淫癖患者，他们明目张胆地盯着女性看，用眼睛脱去她们的衣服。圣经将"认知"等同于发生性关系是另一种隐喻的用法。

在无意识的水平上，认知是一种入侵、刺入，类似于一种男性的性等价物，可以帮助我们了解围绕如下情况产生的古老、复杂的矛盾情感：儿童窥视秘密、探索未知，某些女性对于女性化和大胆认知的矛盾的感觉，受压迫者认为认知是统治者的特权，信仰宗教的人畏惧认知、认为这是冒犯神灵的权力的行为，非常危险且会引起怨恨。认知，和经历一样，可能是自我肯定的一种行动。

### 减少忧虑和促进成长的知识

到目前为止，我一直在从认知本身、知识和了解本身带来的纯粹快乐和原始满足感的角度谈论认知的**需要**。认知使个人变得更强大、更睿智、更丰富、更坚强、更发展、更成熟,意味着人的潜力的实现及潜力预示的个人命运的实现。就好像花朵尽情地绽放,鸟儿尽情地歌唱,苹果树结出苹果,不用奋斗、无须努力,只是内在本性的表达。

但是我们也知道好奇和探索是比安全"更高级"的需要,这意味着安全、无忧无虑、不害怕的需要更具优势性,比好奇更强烈。这一点在猴子和人类儿童身上都可以直接观察到。身处陌生环境的小孩都会先紧紧抓住自己的母亲,而后才敢一点一点地放开母亲的大腿,鼓起勇气探索事物。如果母亲消失,他会感到恐惧,好奇心随之消失,直至重新感到安全为止。他只有背后有安全的港湾时才会进行探索。哈洛(Harlow)研究的小猴子也是如此。[1]无论受到何种惊吓,它们都会逃回代母猴身边,紧紧地抱住它,先四下观察,**然后**才冒险移动。如果代母猴不在,小猴子就只是抱成一团,低声呜咽。哈洛拍摄的动作照片非常清晰地表现了这一点。

成人对于自己的忧虑和恐惧更为微妙,隐藏更深。如果忧虑

---

[1] 哈利·哈洛(Harry Harlow,1905—1981)是马斯洛在威斯康星大学时的导师。哈洛养了一群没有母亲的小猴子,但每只小猴子有两个代母猴,一个由铁丝做成,胸前安置一个可以提供奶水的橡皮奶头;另一个与铁丝母猴结构相似,但没有提供奶水的奶头,而是包裹着柔软的绒布。尽管小猴子会去"铁丝母猴"那里寻找食物,但在其他方面会非常依恋"绒布母猴",即哈洛所谓的"接触安慰"。受到惊吓时,小猴子无一例外全部涌向"绒布母猴"身边,并紧紧地抱住它。(详见哈利·哈洛的《爱的本性》(The Nature of Love, *American Psychologist*, 1958, 13, pp. 673-685);哈洛与齐默尔曼(R. R. Zimmerman)合著的《婴猴的感情回应》(Affectionate Responses in the Infant Monkey, *Science*, 1959, 130, pp. 421-432.)。

或恐惧没有完全压倒他，他往往会加以抑制，甚至否认它们的存在。他常常不"知道"自己在害怕。

应对忧虑的方法很多，其中包括一些认知方法。对于这样一种人而言，任何不熟悉的、认知不清的、神秘的、隐藏的、意外的东西都是危险的；将其变成熟悉的、可预料的、易处理的、可控制的，即不可怕的、无害的方法之一是认识并理解它们。因此，知识可能不仅具有向前成长的功能，还具有减少忧虑的功能，一种维持稳态的保护性功能。外部行为也许非常相似，但是动机可能大不相同。因而，主观的后果也是非常不同的。一方面，我们松了一口气，紧张也有所缓解，就像一个提心吊胆的房主半夜三更拿着手枪下楼检查神秘可怕的声音，却发现什么也没有一样。这与年轻学生透过显微镜首次看到肾的微观结构，或者突然理解了交响乐的结构，或者懂得了复杂诗歌或政治理论的含义时的恍然大悟、兴奋甚至狂喜截然不同。在后一种情况下，个人感到更强大、更聪明、更坚强、更充实、更有能力、更成功、理解力更强。假如我们的感觉器官更好用，眼睛更敏锐，耳朵没被堵住，这就是我们会有的感觉，这就是教育和心理治疗中会出现的情况——而且这种情况**的确**时有发生。

动机辩证法在广阔的人类画卷、伟大的哲学、各种宗教结构、政治和法律体系、各方面的科学，甚至整体文化中都有所体现。简言之，**极为简单**地概括而言，它们以不同的比例同时体现出理解需要和安全需要。有时，安全需要几乎可以完全能使认知需要屈从于它们减轻忧虑的目的。没有忧虑的人可以更大胆、更有勇气，且可以为了知识本身进行探索并建立理论。完全有理由认为后者更接近真理，接近事物的真实本性。安全的哲学、宗教或科学比成长的哲学、宗教或科学更容易是盲目的。

## 回避知识与回避责任

忧虑和胆怯不仅能使好奇、认知和理解屈从于自身目标，可以说是将其当作**工具**加以**利用**；缺乏好奇心也可以或积极或消极地**表现**忧虑和恐惧（这与因不被使用而导致的好奇心萎缩不同）。换言之，我们可以为了减缓焦虑而探索知识，也可以为了同样的目的而回避认知。用弗洛伊德的话来讲，不好奇、学习困难、假装的愚蠢等都可能是一种防御。知识和行动紧密相关，这一点没有异议。我的想法更进一步，我认为知识和行动时常是同义的，甚至是以苏格拉底的方式同一的。一旦我们对某物彻底全面了解，适当的行动也会习惯性地自动随之而来，然后就可以没有矛盾、完全自主地做出选择。但是请看（32）。

这一点在健康人身上有高层次的体现，健康的个人似乎明白对错好坏，并在自身机能活动中轻松、充分地表现出来。然而这一点在幼儿（或内心仍是个儿童的成人）身上又有完全不同层次的表现。对他们而言，考虑一种行动与采取一种行动相同一，心理分析学家称为"思想万能"。也就是说，如果他希望父亲死去，就可能无意识地反应得好像真的杀了父亲一样。事实上，成人心理治疗的作用之一就是去除这种孩子气的同一性，使个人不须再为孩子气的想法感到愧疚，好像他们真正做过一样。

无论如何，认知和行动之间的密切联系有助于我们解析认知恐惧的原因——恐惧行动、恐惧认知结果、恐惧认知带来的危险责任。通常，最好不要有所认知，因为你**一旦**知晓，就**必须**采取行动，而行动会给你招来麻烦。这略微有些绕，有点像一个人说："我真开心自己并不喜欢牡蛎，因为如果我喜欢，就得吃它们，但是我**厌恶**这种讨厌的东西。"

对住在达豪集中营附近的德国人而言，不知道发生什么事、盲目一些、适当装傻更加安全。因为如果他们知道其中的真相，要么不得不做点什么，要么为自己的懦弱感到愧疚。

儿童也可以使用同样的招数，否认、拒绝看到他人显而易见的东西：他的父亲是个可鄙的懦夫，或他的母亲并不真的爱他等。因为这种认知要求的行动不可能实现，还是不知为妙。

总而言之，我们现在对忧虑和认知有了足够的了解，可以驳斥几个世纪以来许多哲学家和心理学理论家的极端主张——**所有**的认知需要都由忧虑所激发，而且**只是**用来减少忧虑的努力。多年以来，这种观点貌似合理，然而如今的动物和儿童实验与这种观点的纯粹形式相悖。所有的实验都表明，一般而言，忧虑扼杀好奇和探索，双方互不相容，尤其在极端忧虑的情况下。认知需要在安全、无忧虑的情境中有最明显的体现。

有本书对这一点进行了很好的概括:

> 信仰体系的美妙之处在于其构造可同时为两个主人服务:尽可能地理解世界,尽所需地防御世界。有些人认为人选择性地歪曲各自的认知功能,只看其想看,记其想记,思其想思,我们反对这一观点。反之,我们认为人只在万不得已时才会那样做,仅此而已。因为所有人都被时强时弱的愿望激励,按照现实的实际情况去认识真正的现实,即便真相会使人受伤(146, p.400)。

## 总结

显然,如果我们的理解得当,认知需要一定与认知恐惧、忧虑、安全需要等结合在一起。最后,我们总结得出,两者是辩证关系,既相互交融,同时又相互斗争。所有增加恐惧的心理和社会因素,都会削弱我们的认知冲动;所有包容勇气、自由和胆量的因素,都会解放我们的认知需要。

第三编

# 成长和认知

# 第六章　高峰体验中的存在性认知

本章是马斯洛1956年9月1日就任美国心理学联合会人格及社会心理学分会主席时发表的演讲的修订和扩展稿。这是他关于高峰体验这一主题的主要阐述，也是他对这一主题主要观点的最全面表述。他自己认为这是他的最优秀、最重要的作品之一。有关马斯洛对于高峰体验的兴趣的其他信息请见编者序。

本章和下一章中的这些结论是依据我同大约80人的个别谈话和190名大学生据如下引导语做出的书面回答的一次初步粗略概括，或凭印象制成的理想"合成照片"。

"我想请你回忆一下你生命中最奇妙的经历，最快乐、最狂喜、最入迷的时刻，可能是因为恋爱，可能是因为听音乐，或者突然为某本书、某幅画所'震撼'，也可能是因为某个伟大的创造性时刻。先罗列下来，然后试着告诉我，在这些感觉强烈的时刻你感觉如何，与平素其他时候的感觉**有何不同**，在这种时刻，在某些方面你是怎样完全不同的人（针对其他调查对象的问题是，世界看来有何不同）。"

**没有一个**调查对象给出完整的综合症状，我把所有不完全的回答汇总，合成"完整"的综合症状。另外，大约有50人在读过我之前发表的论文后，主动给我写信，提供个人的高峰体验报告。最后，我还参考了大量有关神秘主义、宗教、艺术、创造性、爱等多方面的文献。

自我实现者实现了高层次的成熟、健康和自我完成，几乎像是完全不同物种的人，对我们有诸多教益。但是，探索人的本性的高度及其终极可能性和抱负是一项全新的任务，所以会相当困难复杂。对我而言，这要不断打破我所珍视的公理，不断解决似是而非的矛盾、悖论和模糊之处，偶尔还要面对长期以来坚信不疑、貌似不容置疑的心理学定律的崩溃。结果常常证实这些根本不是定律，而是在慢性轻微病态心理和恐惧状态下，以及发育不全、残缺、不成熟的情况下养成的习惯，因为多数人有同样的病症而未引起我们的注意。

在科学理论的创建历史上，最为常见的典型情况是，在得到任何科学解答之前，探索未知的最初表现是对长久的缺失感到不满和不安。例如，我在研究自我实现者时最先遇到的问题之一，是模模糊糊地察觉到自我实现者的动机生活在某些重要方面与我过去所了解的有所不同。开始时，我将他们的动机描述为"表现性的"（expressive），而非"应付性的"（coping），但是从整体表述来看，这种观点并非完全正确。之后，我又指出他们的动机生活是非激励的或超激励的（超越奋斗的），而非受到激励的，但这种表述严重依赖于个人认同的动机理论，以致这种表述造成的困惑和它给予的帮助一样多。在第三章里，我对比过成长性动机和匮乏性动机，这有所帮助，但这仍然不是定义性的，因为对比未能将存在（Being）和形成（Becoming）彻底区分开来。在本章中，我将提出一种新思路（针对存在心理学），它包含和概括了已经做出的三次尝试，用文字说明充分发展的人和多数其他人之间在动机生活和认知生活方面存在的不同。

对存在状态（暂时的、超激励的、非奋斗的、不以自我为中心的、无目的的、自我证实的、目标性体验、完美状态和目标达到状态）的分析首先来自自我实现者的爱的关系研究，然后是其他人的爱的关系研究，最后查阅了神学、美学和哲学等相关文献。区分两种类型的爱（匮乏爱和存在爱）是首要任务，这一点在第三章中已经叙述过了。

我在存在爱（对其他人或物的存在）的状态中发现了一种特殊的认知，我个人未曾涉及过这方面的心理学知识，但是一些美学家、宗教学家和哲学家对此有过不错的描述。我称这种认知为存在性认知，缩写为B-认知。存在性认知与个人在匮乏性需要影响下的认知形成鲜明对比，后者我称为匮乏性认知，即D-认知。存在爱者能从所爱对象身上发觉其他人视而不见的事实，换言之，存在爱者的认知力更敏感、更深刻。

本章试图以一种独特的描述方式概括描述存在爱体验，即父母的育儿体验、神秘体验、海洋的或自然的体验、审美认知、创造性时刻、领悟疗法、理智的自知力、性欲高潮体验、特定运动完成等发生时的一些基本认知事件。我将这些及其他终极快乐与实现的时刻称为高峰体验（peak-experiences）。

在未来的"积极心理学"或"正向心理学"（orthopsychology）中，这个问题是一章的内容，因为其论述对象是全面发展的健康人，而不是只局限于一般意义上的病人。因此，本章的内容与"一般人的精神病理"心理学并不冲突，而是对后者的超越，理论上更加概括、全面地涵盖了后者的所有发现，既涉及病人和健康人，又涉及匮乏、形成和存在。我称为存在心理学，是因为它注重的是目的而非手段，也就是说，存在心理学的重点在于目的性体验、目的性价值、目的性认知及作为目的的人。当前的心理学大多研究缺少而非拥有，研究奋斗而非完成，研究挫折而非满足，研究寻找快乐而非已获得的快乐，研究试图到达某处而非已存在那里。这种定义错在认为所有行为都是动机激励的，却被视为先验公理而得到普遍认可（97，请见第十五章）。

## 高峰体验中的存在性认知

现在，我将从"认知"最广义的层面，逐个概括说明在一般高峰体验中发现的认知特征。

1. **在存在性认知中，对客体的体验经常被视作一个整体，一个完整单位，超越各种联系、可能的用途、便利和目的，自成一体**。看来它似乎就是宇宙中所有的一切，似乎它就是和宇宙同义的全部存在。

这一点与匮乏性认知相反，后者包括大多数人类的认知体验，这些体验是部分的、不全面的，下面将对此进行叙述。

在这里，我们想起了19世纪的绝对唯心主义，它认为整个宇宙是一个整体。这种统一体永远不可能被有限的个体所概括、感知或认识，因此一切现实的人类认知，必定只是**部分**存在，永远不可能是其整体。

**2. 在存在性认知中，知觉对象得到唯一且完全的关注**。这一特征可被称为"全然关注"，详见沙赫特尔的文章（147）。在这里，我想描述的内容与迷恋或全神贯注极其相似。在这种关注之下，知觉对象得到了全部的注意力，背景实际已经消失，至少是没有得到明显的关注。好像此时此刻世界被遗忘，知觉对象被完全孤立于其他之外，暂时成为整个存在。

由于整个存在正在被知觉，所以它所包含的一切规律都会被掌握，如果整个宇宙能够同时被包含的话。

这种知觉与常规知觉形成鲜明对比。在"全然关注"中，不仅知觉对象获得全部关注，与之有关的一切也是如此；它与世界其他事物有千丝万缕的联系，被视为世界的**一部分**。常规知觉"对象—背景"关系是有效的，即背景和知觉对象都受到关注，尽管方式有所不同。此外，在一般认知中，对象不是按其本来面目，而是作为一个类的一个成员或一个较大范畴中的一个例子来看。我把这种知觉描述为"标签化"（rubricizing，97，第十四章），而且还要指出，这种常规知觉是一种不完整的知觉，并未将人或物的各个方面纳入认知中，类似于为了放进这个或那个文件柜的一种分类、归类和贴标签。

为了使日常认知达到更高的层次，就要在一个连续统一体上进行认知，这个统一体包括自动比较或判断或评价，这意味着要高于、少于、多于或大于，等等。

而存在性认知可以被称作"不比较的认知"（non-comparing cognition）或者"不判断的认知"。这里我指的是桃乐西·李（88）所描述的那种与我们不同的某种原始人的知觉方式。

一个人可以作为他自身来看，即通过自己来看自己。他可以用一种独特的、特异的方式看自己，就好像他是他那一类的唯一成员。这就是我们通过独特个体的自我认知所表示的意思，当然，这也是所有临床医生试图做到的。但这项任务十分艰巨，困难程度远远超过了我们的日常承受能力。然而，我们能够暂时获得这种知觉，而且它也是高峰体验的一个典型特征。健康的母亲充满爱意地感知她的婴儿，就比较接近于对个体独特性的知觉。她的婴儿完全不同于世界上的任何其他人，他不同寻常、完美无缺、令人着迷（至少在这个意义上，她能够不按照格塞尔发展常模来评价自己的孩子，并且不拿他和邻居家的孩子做对比）。

对整个对象的具体认知还意味着，要带着"关怀"去看待它。反过来说，"关怀的"（126）对象会引起主体对它的持续注意，而对知觉对象的各个方面进行反复审视也是十分必要的。母亲一遍又一遍地凝视着她的孩子，恋爱中的人凝视着他的爱人，鉴赏家凝视着他的画，这种细致入微的关怀肯定会比那些漫不经心瞥一眼就随意给对象贴上标签的认知要更合理，能产生更完整的知觉。通过这种全神贯注的、入迷的、聚精会神的认知，我们有望获得细节丰富的知觉，从而多方面地了解客体。这种认知同不经意的观察结果形成鲜明对比。不经意的观察只能提供基本经验，在这种认知状态下，主体只是从"不重要"和"重要"的角度出发,有选择性地看到客体的某个方面(一幅画、一个婴儿或一个恋人有什么部分是"不重要"的呢)。

3. 在某种程度上,人的所有知觉都是由人本身产生的,而且在一定程度上是他的创造,尽管事实如此,但在**认知者所关心的外部对象和认知者所忽视的外部对象之间**,我们仍然可以找到一些区别。自我实现者通常能更好地认知世界,就好像世界不仅独立于他们,也独立于人类而存在。对处在最高状态,也就是高峰体验时刻的普通人来说,情况也是如此。这时,他更容易把自然看作是一种自在的和自为的自然,而不是作为人的活动场所,为人的目的而存在。他更容易克制自己,不带着人的目的去认知自然。简言之,他能够按照对象的自我存在【"终极性"(endness)】来看待它,而不是出于对象的有用性或出于对它的惧怕来看待它,也不是按照其他人的某些方式来对它做出反应。

让我们以显微镜为例。通过显微镜的载玻片,我们可以发现,世界本身既美好,又充满威胁、危险和疾病。透过显微镜来观察癌细胞切片,如果我们忘记它是癌细胞,就可以把它看作是美丽、复杂和令人惊叹的组织。如果把蚊子看作认知的目的本身,那么它就是一个奇妙的客体。在电子显微镜下,病毒也是一种令人着迷的客体(或者,如果我们忘掉它们与人类的关系,至少它们是令人着迷的东西)。

由于存在性认知更可能变得与人无关,因此,这种认知使我们能更真实地从事物本身的角度去看待它。

4. 目前,我在研究中渐渐发现存在性认知和普通认知之间的一个差异,但暂时还不确定。这个差异就是,**重复的存在性认知**

**似乎能使知觉更丰富。** 我们反复审视、不断体验并迷恋于我们喜爱的一张脸或一幅画，会使我们更喜欢它们，并通过不同的感官看到更多。我们可以把这种现象称作"对象内在的充实"（intra-object richness）。

但是，重复的存在性认知与普通的重复体验的效应形成鲜明对比，后者包括厌倦、熟悉和注意力丧失等。我满意地发现（尽管我并未打算证实它），重复陈列我所认为的好画，对那些预先选好的有感知力和理解力的人来说，这些画会显得**更**美；然而，重复陈列我所认为的不好的画，会使它们看起来**越发不那么**美。对好人和坏人（比如残忍或卑鄙的人）来说，情况也是如此。重复审视好人，能使他们看起来更好；而重复审视坏人，能使他们看起来更坏。

在更为普通的认知中，通常最初的认知仅仅被按照有用性和危险性来进行划分，重复观察会使它们越发变得空洞。普通认知常常以焦虑为基础，或者受到匮乏性动机的支配，这种认知的任务在第一次被看到时就已完成。接着，这种认知需要消失。然后，已被分门别类的人或物便彻底不再被察觉。在重复体验时，认知就会变得贫乏。同样，充实也是如此。此外，重复观察不只是造成认知的贫乏，还使观察者感到一种贫乏。

同不爱相比，爱能使主体对所爱对象的内在本质产生一种深刻的认知，这里应用到的一个主要机制是，爱包含对所爱对象的迷恋，因此，主体会带着"关怀"去重复审视、关注和观察。相爱的人能互相看到对方的潜在性，这一点其他人看不出来。我们通常说"爱情使人盲目"，但我们必须承认这样一种可能性：在某种情况下，爱比不爱可能使人更具有知觉力。当然，这意味着在某种意义上，主体能够察觉尚未被现实化的潜在性。这个研究问题并不像听起来那样难以解决。专家所使用的罗夏测验（Rorschach Test）也是用来检验一种认知，用于发现未被现实化的潜在性。原则上，这是一种可检验的假设。

5. 美国心理学，或者更广泛地说，西方心理学以一种我认为属于种族中心主义的方式，假定人的需要、恐惧和兴趣始终是知觉的决定因素。知觉的"新观点"建立在认知必须永远被激发的假设上。这也是古典弗洛伊德主义的观点（137）。进一步的假设表明，认知是一种应付性的工具机制，而且，在某种程度上，认知一定以自我为中心。这种观点假设，观察者看到事物**只是**兴趣使然，而且经验必然以自我为中心和决定因素建立起来。另外，我还可以补充说，这是美国心理学的一个古老观点。所谓的"机能主义心理学"受到广泛流行的达尔文主义的强烈影响，也倾向于从有用性和"生存价值"的角度来考虑所有能力。

而且，我之所以认为这种观点属于种族中心主义的观点，是因为它显然是对西方世界观的无意识流露，不仅如此，从这种观点还可以看出，东方国家尤其是中国、日本和印度的哲学家、神学家和心理学家的著作长期受到忽视，更别提诸如戈尔茨坦、墨菲、夏洛特·布勒、赫胥黎、索罗金（Sorokin）、瓦特（Watts）、诺思罗普（Northrop）、安吉亚尔和许多其他的作者。

我的发现表明，在自我实现者的普通认知和普通人偶尔出现的高峰体验中，认知可能是**相对超越自我的、忘我的和无我的**；可能是非激励的、非个人的、无欲求的、无私的、**无需要的**或超然的；可能是以客体而不是自我为中心的。也就是说，认知经验能够以客体为中心点，而非以自我为基础建立起来。就好像这些主体在认知某种独立的现实，这些现实不依赖观察者而存在。在审美体验或爱的体验中，主体可能会变得全神贯注，全身心"投入"到客体身上，这时的自我在真正意义上消失了。有些作者比如索罗金，在论及美学、神秘主义、母性和爱等时，甚至认为我们在高峰体验中可以说已经达到一种观察者和被观察者的同一，两者合二为一，形成一个全新的、更大的整体，一个高级单位。这使我想起关于移情和认同的某些定义。当然，这也表明，这个方向是可以展开研究的。

**6. 高峰体验被认为是自我证实、自我评判的时刻，为自我找到了内在价值。** 也就是说，高峰体验本身就是目的，我们可以把它称作目的性体验，而不是手段性体验。这种体验被认为是一种宝贵的体验，是一种重大的启示，这种体验无法被证实，甚至做出这种尝试也会减损它的尊严和价值。这一点被我的研究对象所广泛证实，当他们向我汇报他们的爱的体验、神秘体验、审美体验、创造性体验和顿悟体验时。在治疗环境下的顿悟时刻，这一点变得尤为明显。由于人会保护自己，避免出现顿悟状态，顿悟可以被定义为痛苦地接受。它突然进入到意识中，有时会对人造成冲击。尽管如此，普遍来看，顿悟终究是一种值得的、令人满意的和人们希望得到的体验。看见比看不见更好（172），即便看见伤痛也是如此。事实上，自我证实、自我辩护的内在的体验价值，使痛苦变得有意义。许多作者在论及美学、宗教、创造性和爱等时，都一致认为，这些体验不仅具有内在价值，而且还具有其他价值，它们的偶然出现使生活变得有意义。神秘主义者一直宣扬非凡的神秘体验具有非凡的价值，这种体验可能一生只会出现两三次。

高峰体验与生活的普通体验形成鲜明对比，在西方尤为如此，美国心理学家则更是这么认为。行为与达到目的的手段具有一致性，所以许多作者把"行为"这个词看作"工具性行为"的同义词。完成任务是为了实现一个更长远的目标，**为了**有所作为。在约翰·杜威的价值理论（38a）中，这种态度被发扬到极致。他发现，目的并不存在，只有达到目的的手段。即便是这样的表述也不够准确，因为它暗含了目的的存在。用更确切的语言来表述，他的意思是指，手段是达到其他手段的手段，从而也变成手段，如此循环下去。

对我的研究对象来说，纯真快乐的高峰体验存在于他们的终极生活目标、终极证实和终极辩护之中。心理学家竟然绕过它们，甚至公然无视它们的存在。更为糟糕的是，客观主义心理学先验地否定了它作为科学研究对象而存在的可能性，这是令人不可思议的。

**7. 在我研究过的所有普通的高峰体验中，存在一种非常典型的时空错位现象。**准确地说，在这些时刻，人在主观上置身于时空之外。在创作的狂热时刻，诗人或艺术家忘却了周围的一切，忘却了时间的流逝。当他清醒过来，根本无法判断究竟过了多长时间。他常常不得不摇摇头，就好像刚刚从恍惚中苏醒，不知自己身在何处。

但是，更多的研究对象在汇报中谈到，他们完全失去了时间概念，恋人则尤为如此。他们处在心醉神迷的状态时，时间以惊人的速度飞快地流逝，一天就像一分钟一样过去，但有时激荡人心的一分钟，就像过去了一天甚至一年。在某种程度上，他们就好像生活在另一个世界，在那里，时间已停滞不前，但同时又飞快地流逝。对于普通的时间范畴，这无疑是一种悖论和矛盾。然而，我的研究对象的确是这么向我反映的。因此，我们必须重视这个事实。我认为，没有理由去说，这种时间的体验经不起实验研究的检验。在高峰体验中，对时间流逝的判断必然是很不准确的。同样，和在普通生活中相比，对周围事物的意识也必然不够准确。

8. 我的研究发现在价值心理学方面具有令人费解的含义，但这些含义又都具有一致性，我们不仅要把它们记录下来，还要试着以某种方式理解它们。先从高峰体验的结果开始说起吧。**高峰体验带来的感受不仅是善的和令人满意的，而且从来不会给人恶的或不合乎需要的感受。**高峰体验产生一种内在合法性，这种体验完美而全面，不需要任何其他东西做补充。高峰体验本身就已足够。可以感受到，它在本质上是必要的和必然的。它的善**固当**如此。对它的反应是敬畏、惊奇、诧异、谦卑，甚至是崇敬、欣喜和虔诚。"神圣"这个词偶尔被用来描述人在高峰体验中的反应。在存在的意义上，高峰体验是令人愉快的和"有趣的"。

这里也蕴含着很深的哲学蕴意。为了继续进行讨论，假设我们承认这样的论断：在高峰体验中，可以更清楚地看到现实本身的性质，并且能更深刻地看透现实的本质，那么这种说法和许多哲学家和神学家的说法几乎是一样的了。他们断言，从最佳状态和超然的观点来看,整个存在只是中性的或善的,而邪恶、痛苦或威胁只是一种局部现象,主体没有把世界看成一个统一的整体,而是从自我中心或过于低级的观点出发,就会产生这些局部现象(当然,这并未否定邪恶、痛苦或死亡,而是与它们达成一种和解,是对它们的必然性的一种理解)。

另一种说法把高峰体验与许多宗教中的"上帝"概念的一个方面进行了比较。"上帝"能凝视和包容整个存在,并理解它,因此,"上帝"必然把存在看作是善的、公正的和必然的,把"邪恶"看作是有限的、自私的看法和理解的产物。如果在这层意义上,我们能像上帝那样,出于普遍理解,我们就不会怪罪、谴责、失望或震惊了。我们对别人的缺点只会抱有怜悯、宽容或友好的情绪,或者还有些悲伤或存在性幽默的情绪。但是,这恰好是自我实现者和**所有**普通人在高峰体验时刻对外界做出反应时采用的方式。这也恰好是所有心理治疗师对患者做出反应时**力求**采用的方式。当然,我们必须承认,要达到这种上帝般的、普遍宽容的、存在性幽默的和存在性接受的态度相当之难,从纯粹的形式上看,这种状态甚至是不可能达到的。然而,我们知道,这只是一个相对性的问题。我们能够或多或少地接近这种状态,简单地对这种现象进行否定是不明智的,尽管它很少出现,转瞬即逝,而且很不纯粹。虽然我们永远不会成为纯粹意义上的上帝,但我们能够或多或少地接近上帝,偶尔或经常像上帝一样。

总之,高峰体验中的认知和普通日常的认知和反应形成鲜明对比。普通日常的认知是在手段—价值的支持下进行的,也就是说,受到是否有用、合意与否、好坏与否或对目的的适宜性的影响。我们进行评估、控制、判断、谴责或赞同。我们因什么而发笑，而不是与什么一起发笑。我们从个人角度对经验做出反应，根据自我和自我的目的对世界做出认知，从而把世界仅仅当作一种达到目的的手段。这同超然于世的观点是对立的，这又意味着我们没有真正地认知世界，而只是在认知世界中的自我，或自我中的世界。这时，我们在匮乏性动机的激励下去认知，从而认知到的只是匮乏性价值。这一点不同于我们在高峰体验中作为世界代理人来认知世界的整体或部分。这时且只有这时的我们才能认知世界的价值，而不是我们自己的价值。我把这些价值称作存在性价值，即B-价值。这些存在性价值和罗伯特·哈特曼的"内在价值"（59）比较相似。

到目前为止，我能列举出的存在性价值包括：

（1）完整（统一性、整合性、趋同性、互联性、简单、组织性、结构性、超越二分法、秩序）；

（2）完善（必要性、恰当性、合理性、必然性、适宜性、正当性、完整性、"应然"）；

（3）完成（结束、终结、裁决、"已完成"、实现、**到达终端**、命运、天数）；

（4）正当（公平、秩序井然、合法、"应然"）；

（5）活力（过程性、不死性、自发性、自我调节、充分发挥作用）；

（6）丰富性（差异化、复杂性、精细化）；

（7）简单性（诚实、直率、实质性、抽象性、本质、基本结构）；

（8）美（正直、形态、活力、简单性、丰富性、完整、完善、完成、独特性、诚实）；

（9）善（正直、合乎需要、应然、公正、仁慈、诚实）；

（10）独特性（特质、个性、无可比性、新奇）；

（11）不费力（轻松，没有压力，不用努力或没有困难，优雅，完美，活动自如）；

（12）趣味性（乐趣、欢乐、幽默、喜庆、诙谐、热情洋溢、不费力）；

（13）诚实、真诚、现实（直率、单纯、丰富、应然、美、纯洁、干净纯粹、完整、实质性）；

（14）自给自足（自主性、独立性、不需要外在物的自我、自我决定、超越环境、分离、按自身的规律生活）。

显然，这些存在性价值并**没有**互相排斥，它们不是彼此分离或性质截然不同的，而是相互重叠或融合在一起。最终，它们成为存在的**各个侧面**，而非它的各个**组成部分**。这些不同的方面都会进入认知的前景中，它们的作用也会显现出来。举例来说，认知美丽的人或画，体验完美的性或完美的爱、顿悟、创造性和生产（分娩），等等。

不仅如此，在这种状态下，传统的真、善、美三位一体融合为一个统一体，但存在性价值的概念要比这个更广泛。我在别的地方已经报告过我的研究发现（97），在我们的文化中，真、善、美在普通人身上已形成较好的相互关联，而在精神病患者身上，甚至连这一点都达不到。只有在高度发展的和成熟的人，自我实现的和充分发挥功能的人身上，出于一切实用性目的，存在性价值才会形成高度关联，这时可以说它们已融合成为一个统一体。现在，我想补充一点，那就是普通人在高峰体验中也会出现这种情况。

如果事实证明这个发现是正确的，那么它就会直接和一个基本公理发生矛盾，这个公理是一切科学思想的指导思想，即认为认知越客观，越不受个体的影响，也就越超然于价值。事实几乎总是被看作价值的反义词，两者被认为是互相排斥的。但是，或许真实情况恰恰相反。因为，我们在审视最超然于自我、最客观、最无动机、最被动的认知时，却发现这种认知要求直接知觉价值，而价值不能从现实中割裂出来，对"事实"最深刻的认知导致"实然"和"应然"合二为一。在这种时刻，现实被赋予惊奇、赞赏、敬畏和认可的色彩，即带有价值色彩。[1]

9. 普通体验嵌在历史和文化中，也嵌在不断转变、相对的人的需要中。它按照时空的方式组织起来。普通体验是更大整体的组成部分，因而按照这些更大的整体和参照系，它是相对存在的。不论现实如何，它依赖人而存在，所以，一旦人消失了，它也会跟着消失。它的组织参照系从人的兴趣转移到人对环境的要求，从现在转移到过去和将来，从这里转移到那里。根据上述认识，普通体验和行为是相对的。

**从这个观点来看，高峰体验更具绝对性，而相对性较少。** 从我前面指出的意义来看，它们不仅没有时间和空间；不仅超然独

---

[1] 我没有做出探索的尝试，我的任何研究对象也没有主动对我说起过被称为"最低点体验"的东西，比如说，（从某种角度）对不可避免的生老病死产生痛苦的、毁灭性的顿悟，终极孤独和个体责任，自然的非人格化，无意识的本性，等等。

立，而更多地以它们自身被感知；不仅是相对非激励的，超越人的私利，而且主体对它们的认知和反应仿佛它们是在自身之中，是主体"之外的某处"，就好像它们是一种独立于人而存在的、对现实的认知，而相比人的生命，这种认知长久存在。在科学上谈论相对性和绝对性，无疑是困难而危险的。而且我发现，在语义上这是一个泥潭。然而，我的研究对象做出的许多关于这种区别的内省汇报使我折服，而心理学家最终也会同意我们的观点。这些词语都是研究对象在试图描述这种体验时自创的用词，它们在本质上不可言喻。**他们**使用了"绝对性"和"相对性"的概念。

我们也一再对这些词产生兴趣。举例来说，在艺术领域，一个中国花瓶本身可能是完美的，它同时可能又是两千年前的文物，但至今仍然很新，是全世界的而不只是中国的。在这些意义上，它是绝对的，但按照时间、文化的起源和持有者的审美标准，它同时又是相对的。神秘的体验在各种宗教、各个时代和各种文化中，几乎被同样的词语描述过，这不是没有意义的。赫胥黎（68a）把它称作"长青哲学"也就不足为奇。伟大的创造者，比如由吉塞林（B. Ghiselin，54a）编入选集的那些人，几乎都用同样的词语描述过他们的创造性时刻，尽管他们身份各异，有诗人、化学家、雕刻家、哲学家和数学家。

在一定程度上，绝对这个概念之所以很难被理解，是因为它总是受到静态污染的渗透。从我的研究对象的体验来看，事实显然如此，静态污染不是必要的或必然的。认知一个审美客体、一张心爱的脸或一个美好的理论，是一个波动的、转移的过程，但注意力的起伏被严格控制在认知**范围之内**。它的丰富性可以是无限的，持续的注视可以从一个方面转移到另一个方面。此刻，它集中注意事物的这个方面，随后可能就转移到那个方面。一幅精美的绘画有许多结构，而不是只有一个结构，所以，观看不同的方面，就能使人持续产生起伏的快乐。它在某个时刻既可以被看作是相对的，在另一个时刻也可以被看作是绝对的。我们没必要在绝对性和相对性的问题上作挣扎，因为它两者皆有之。

10. 普通的认知是一个非常活跃的过程。它是认知者的一种典型的塑造和选择。他选择知觉什么，不知觉什么，他将它们与他的需要、恐惧和兴趣联系起来，进行组织、安排和重新安排。总之，他致力于此。知觉是一个消耗能量的过程，它包含警觉、警惕和紧张，因此，很容易令人感觉疲倦。

**相比积极认知，存在性认知比较被动，接受能力也更强**，当然，它不可能永远完全如此。关于这种"被动"认知，我找到的最佳描述来自东方的哲学家，特别是老子和道家哲学家。克里希那穆提（85）有一个了不起的说法很好地道出了我的临床资料，它就是"无选择的觉知"。我们也可以称为"无欲望的觉知"。道家"顺其自然"的概念也道出了我力图要说的东西，也就是说，这种知觉可能是无所求的，而不是有所求的；是沉思的，而不是强求的。在经验面前表现谦逊，互不干扰，接受而不是施加，可以任由知觉顺其自然。说到这里，我想起了弗洛伊德的一个说法：自由漂浮的注意力。而且，这种知觉也是被动的而非主动的，无自我的而不是以自我为中心的，轻柔的而不是充满警惕的，耐心的而不是不耐烦的。对体验它是凝视而不是看，不是屈从。

我还发现，约翰·施莱恩（John Shlien，155）最近（1956

年）提出的一个论述很有用，内容有关被动倾听和主动用力倾听之间的差别。优秀的治疗专家肯定能以接受而不是施加的方式来聆听，这样才能听清人们真实要表达的东西，而不是他自己希望听到的，或是要求听到的。他必须不对自己施加影响，而是任由别人的话缓缓流淌进他的耳朵里。唯有如此，他们的模型和模式才能被彻底理解。否则，他听到的只能是他自己的理论和期待。

事实上，我们可以说，能否成为接受的和被动的，是划分任何学派优秀治疗专家和二流治疗专家的标准。优秀的治疗专家能根据每一个人的真实情况，新鲜地知觉他们，没有强烈的欲望去分类，去标签化，去分级，去分组。即便是经过一百年的临床实践，二流治疗专家可能会发现自己只是在重复在职业生涯之初就学到的理论。从这个意义上来说，我们也可以看出，一个治疗专家可以在四十年间不断重复同一个错误，还美其名曰"丰富的临床经验"。

对于这种独特的存在认知感，还有一种完全不同的，虽然也是同样古老的传达方式，就是把它称为非意志的而不是受意志影响的，就像 D. H. 劳伦斯和其他浪漫主义者所说的那样。普通认知是高度主观的，因此是有所求的、预定的、先入为主的。在高峰体验的知觉中，意志不会形成干扰，而是处于搁置状态。接受而非要求。我们不能控制高峰体验。它只是偶然发生在我们身上。

**11. 高峰体验时的情绪反应有惊奇、敬畏、崇敬、谦卑和屈服等特殊的感受，面对高峰体验仿佛面对某种伟大的事物。**有时候，因为不堪重负，还会产生恐惧（虽然是快乐的恐惧）。我的研究对象对此是这么说的："我受不了了。""这已经超过了我的承受范围。""真是太不可思议了。"这样的体验或许会具有某种辛酸和尖锐的特点，可能带来欢笑，可能带来眼泪，也可能二者兼而有之，这可能与痛苦有着似非而是的相似性，尽管这种吸引人的痛苦往往被说成是"甜蜜"。而且这还可能涉及通过一种特殊的方式来思考死亡。不仅是我的研究对象，还有很多讨论各种高峰体验的作家都把高峰体验与死亡体验，即渴望的死亡进行比较。有一种典型的说法是这样的："这也太不可思议了。我不知道我怎么才能承受。我可以现在就死去，那样也不错。"或许在一定程度上，是想紧紧抓住这种高峰体验，拒绝从高峰上跌下来，落进平凡存在的山谷。或许，在某种程度上，这也是在高峰体验面前体会到的谦卑、渺小、毫无价值等强烈感受的一个方面。

12. 还有一个自相矛盾的现象是我们必须处理的——虽然很难，这个矛盾是在关于知觉世界互相冲突的报告中发现的。**在一些报告中，特别是关于神秘体验、宗教体验或哲学体验的报告中，整个世界被视为一个整体，一个单一的存在，丰富且鲜活。在其他高峰体验中，特别是爱情体验和审美体验中，只有很小一部分世界被知觉，仿佛在当下它就是整个世界。**在这两种情况中，知觉都是关于整体的。或许，对一幅画、一个人或一个理论的存在性认知保留了整体存在的所有特征，即存在价值，而这可能是因为知觉它们就仿佛它们在当下是所有的存在。

13. 抽象和类化的认知和对具体、原始和特殊事物的新鲜认知之间存在着巨大的差异(56)。这就是我使用抽象和具体这样的术语的意思。这和戈尔茨坦所用的术语并没有多大不同。我们的大多数认知(倾听、知觉、记忆、思考、学习)都是抽象的,而不是具体的。也就是说,在我们的知觉生活中,我们基本上在进行分类、系统化、分级和抽象。我们并没有按照世界实际的样子认知它的本质,如同我们建构我们的内在世界观那样。大多数体验被我们的分类、构建和标签化系统所过滤,正如沙赫特尔(147)在其经典论文《童年失忆症和记忆问题》中所阐述的那样。我对自我实现者进行的研究使我发现了这样的差异,**我在他们身上同时发现了不会忽略具体的注重抽象的能力,以及不会忽略抽象的注重具体的能力**。这对戈尔茨坦的论述是一个补充,因为我不仅发现了对具体的缩减,还发现了可以称为对抽象的缩减,即降低了知觉具体的能力。从那时起,我已经在优秀的艺术家和临床医生身上发现这种知觉具体的特殊能力,尽管他们并没有达到自我实现。最近我发现普通人在他们的高峰时刻里也具有相同的能力。他们更能抓住知觉中具体和特殊的本质。

和诺思罗普(127a)的举例一样,这种独特的知觉通常都被表述成审美知觉的核心,所以这二者被认为几乎是相同的。对于大多数哲学家和艺术家而言,按照一个人的内在特殊性具体地感知他,意味着审美地知觉他,我更青睐这个更广泛的用法,而且,我认为我已经证明过了,这种对目标独特本性的知觉是**所有**高峰体验的特点,不只是美学高峰体验的特点。

把存在性认知中的具体知觉,理解为同时或一个接一个地知觉对象的各个方面和特点,这一点很有用。从本质上来说,抽是对知觉对象特定方面的选择，选择那些对我们有用的方面，对我们有威胁的方面，我们熟悉的方面，或者是符合我们语言范畴的方面。怀特海德（Whitehead，303，304）和博格森（Bergson）将这一点论述得极为清楚，而自维万蒂（Vivanti）之后的很多其他哲学家也有十分详尽的表述。抽象，在一定程度上是有用的，不过抽象是虚假的。总而言之，抽象地知觉一个目标，意味着**不要**去知觉某些方面。这很明显表示选择一些特点，忽略其他特点，创造或扭曲其余的特点。我们把它制造成我们希望的那样。我们创造它，我们制造它。此外，有一点极其重要，即抽象中有一个强大的倾向，把知觉对象的各个方面和我们的语言系统联系在一起。这会产生特别的麻烦，因为从弗洛伊德的理论角度来说，语言是次级过程，而不是原初过程，因为其应对的是外部现实而不是精神现实，应对的是有意识而不是无意识。诚然，通过诗歌或狂喜的语言，在一定程度上可以矫正这样的缺失，可归根到底，很多经验的最终分析都是难以形容的，根本不能用任何语言来表达。

我们用对一幅画或一个人的知觉来举例说明。为了充分知觉它们，我们必须克制去分类、比较、评价、需要和使用的倾向。如果我们说一个人是外国人，就在我们说出这一点的那一刻，我们就将他进行了分类，完成了一次抽象动作。在某种程度上，这么做让我们无法看到这个人作为独特和整体的存在，看不到他与整个世界上其他人的区别。当我们走近挂在墙上的画，读出艺术家的名字的那一刻，我们就失去了按照这幅画的自身独特性，以完全新颖的眼光看它的可能性。那么，在一定程度上，我们所谓的**"了解"**，就是把一段经验放入概念、语言或关系的体系中，如此便失去了全面知觉的可能性。赫伯特·里德（Herbert Read）曾经指出，孩子有"纯真之眼"，他们有能力不管看到什么，都好像是第一次看到（通常确实都是第一次看到）。孩子可以充满惊奇地看着某种东西，检查这个东西的各个方面，了解所有特点，因为在这种情况下，对这个孩子来说，这个奇怪物体的一个特点不会比其他特点更重要。孩子不会组织它，他只是凝视它。他以坎特里尔（Cantril, 28, 29）和墨菲（122, 124）描述过的那种方式细细体会经验的特点。成年人在类似的情况下，越是阻止自己，不去抽象、命名、设置、比较、联系，对于人或画的多面性就能看到越多。我尤其要强调知觉不可言喻之事物的能力。如果将它诉诸语言，就会改变它，使它有别于自身，变成一个和自身**很像**的东西，虽然类似，却不同于**自身**。

  知觉整体、超越部分的能力是各种高峰体验时知觉的特点。只有这样，我们才能在人这个词的最完全的意义上了解一个人。所以，无怪乎自我实现者能更为机敏地知觉别人，更为精明地了解别人的本质或本性。这也是我确信这一点的原因。理想的治疗专家，由于职业的需要，应该能在没有预先设定的情况下，从一个人的独特性和完整性上，至少从这个人是相当健康的人的角度来理解他。我坚持这一点，尽管我愿意承认在这种洞察力中有未加解释的个体差异，而且这种治疗经验能成为一种知觉他人之存在的训练。这也解释了我为何认为，审美知觉和审美创造训练可以成为诊疗训练的非常合乎需要的一个方面。

  **14. 在人类成熟的较高层级中，很多分歧、两极分化和冲突**

都被融合了、超越了或消除了。自我实现者既是自私的也是无私的；既是非理性的酒神也是井然有序的阿波罗神；是个人的也是社会的一部分；既是理性也是感性；与其他人融合，也与其他人分离。我曾设想过的那个直线连续体（straight-line continua），它的两极彼此相反，尽可能分离，已证明更像是圆形和螺旋形，两个极端交织在一起，成为一个融合的整体。我还发现，在充分知觉目标的时候，这是一个很强的倾向。我们对整个存在了解得越多，就越能容忍和知觉不一致、相矛盾和抵触的同时存在。这些貌似是部分知觉的产物，会随着对整体的知觉而消失。如果从神一般的有利地位来看，神经质的人可以被视作奇妙、复杂，甚至美丽的整体过程。那么，那些我们通常看作冲突、矛盾和分裂的，就能被知觉为不可避免的，必要的，甚至是命定的。这就是说，如果他能被充分了解，一切都进入必要的位置，然后他就可以被审美地认知和欣赏。他的所有矛盾和分裂就会变得有意义或充满智慧。甚至疾病和健康的概念也可以交融在一起，界线变得模糊，只要我们把疾病的症状看成是趋向健康的压力即可，要不就把神经症视作解决个人问题最健康的办法。

15. 身处高峰体验中的人和神一样，不仅是从我论及的角度来说，而且在其他某些方面也是如此，特别在完整地热爱、怜悯地以及愉悦地接纳世界万物和人的方面是如此，尽管他在大多数普通时刻看上去很糟糕。长久以来，神学家都致力于完成一个不可能的任务，力图使这个世界上的罪孽、邪恶、痛苦和一个全能、博爱、无所不知的上帝这个概念联系在一起。这个任务，或者说，把善恶必有奖惩，与博爱、可以宽恕一切的上帝这个概念联系起来，会产生附带的困难。上帝必须惩罚，又不能惩罚；既要宽恕，又要谴责。

我认为，通过研究自我实现者对两难问题的自然主义解决方法，通过比较我们到目前为止讨论的两种截然相反的知觉类型，即存在性认知和匮乏性认知，我们可以从中学到一些东西。存在性认知一般来说都是短暂的现象，是一个高峰，一个制高点，一个偶尔实现的成就。看来，人类大多数时间都以一种匮乏的方式去知觉。也就是说，他们比较，判断，赞同，联系，使用。也就是说，对我们而言，交替使用两种不同的方式知觉另外一个人是可能的，有时候觉知的是他的存在，好像当下他就是全宇宙。然而，更经常的是，我们把他视作宇宙的一部分来知觉，通过很多复杂的方式把他与宇宙的其他部分相联系。当我们从存在性认知的角度来看待他，**那么**我们就可以博爱、宽恕一切、接受一切、欣赏一切、理解一切、存在性地愉悦、充满爱心地愉悦。可这些恰恰是大多数上帝的概念所应具有的特点（但奇怪的是，愉悦是大多数上帝概念所缺乏的特点）。在这样的时刻，就这些特点而言，我们可以如神一般。举例来说，在治疗情境中，我们可以用爱、理解、接受、宽恕来对待各种各样的人，而这些人通常来说都是我们害怕、谴责甚至憎恨的对象，比如谋杀犯、鸡奸者、强奸犯、剥削者、胆小鬼。

所有人都不时表现得好像他们希望被别人存在性认知（详见本书第九章），这一点在我看来特别有意思。他们讨厌被别人分类、分级、标签化。给一个人加上"侍者""警察""女士"的标签，而不是把他们当作一个个体来对待，往往会得罪他们。不管我们怎样，我们都希望别人认可和接受我们整个人、我们的丰富内涵、我们的复杂性。如果在人世间找不到一个这样的接受者，那么就会产生一种强烈的倾向，去投射和创造一个上帝的形象，有时候是人形神明，有时候则是超自然神明。

关于"邪恶的问题"，另一种答案源自我们的研究对象把现实作为自在的存在来接受。现实既非为了人类而存在，也非为了**反对**人类而存在。现实只是客观地如它所是。毁灭性大地震仅仅对一种人提出一个调和的问题，这种人需要一个人格的上帝，要求这个上帝既博爱又严肃、无所不能，还是整个世界的造物主。对于那些可以自然主义地、非人格地和非创造地知觉和接受地震的人来说，地震不会引起任何道德或价值论方面的问题，因为地震不是"故意"来招惹他们的。他们会耸耸肩，如果要从人类中心说来解读罪恶，他们一定会像接受四季和暴风一样接受罪恶。从原则上来说，在洪水和老虎实施杀戮之前，人们有可能欣赏它们的美，甚至被逗乐。当然，面对别人的伤害行为，怀有这样的态度会更为困难，可偶尔也是有可能的，而且一个人越成熟，这样的可能性就越大。

**16. 高峰时刻的认知强烈地倾向于将认知对象视为独特的，对认知对象不加以分类。** 无论是认知一个人，认知整个世界，认知一棵树，还是认知一件艺术品，认知对象往往都会被视为独一无二的特例，被认为是他那个类别中的唯一成员。这和我们平时看待这个世界的普遍方式形成了鲜明对照。从本质上来说，日常的方法停留在一般化之上，停留在亚里士多德式的把世界分成各种类别上，对于类来说，知觉对象只是一个实例或样本。整个类的概念依托于一般的分类。如果没有类别，相似、同等、类似、差异这样的概念就全都没用了。人们无法比较两个毫无共性的东西。此外，对于具有某些共同性的两个东西来说，例如，具有红、圆、重等这样的共同特点，必然意味着抽象。但是如果我们不是抽象地认知一个人，如果我们坚持同时认知其所有特点，视这些特点互相依存，那么我们就再也不能分类。从这个观点看待的每一个完整的人、每幅画、每只鸟、每朵花都会变成他（它）那个类别里的唯一成员，因此必须独特地感知。这种希望看到事物所有方面的意愿，意味着认知的效度（59）更高。

**17. 高峰体验的一个方面是完全没有恐惧、焦虑、压抑、防御和控制，抛弃了克己、延误和限制，虽然这只是暂时的。** 对崩溃和消亡的恐惧，对"本能"控制一切的恐惧，对死亡和疯狂的恐惧，对陷入无拘无束的快乐和情感的恐惧，往往都会在当下消失或终止。这就极大地解放了被恐惧扭曲的知觉。

有人可能将高峰体验视为纯粹的喜悦、纯粹的表达、纯粹的欢欣或喜悦。但是既然"在这个世界里"，高峰体验代表了一种融合，即弗洛伊德的"快乐原则"和"现实原则"的结合，那么，这仍然是在较高心理功能层级上解决普通二分法概念的又一例证。

因此，我们可以期待在那些通常有高峰体验经历的人那里发现某种"渗透性"，一种对潜意识的接近和靠近，对潜意识的相对无畏。

18. 我们已经了解到，在各种各样的高峰体验中，人们往往会变得更完整、更个性化、更自发、更具表达力、更从容、更有勇气、更强大,等等。

但是,这些特点类似于或几乎等同于前文提到的各种存在价值。**在内在与外在之间,似乎有一种动态的类似或同形。也就是说,随着人认知了这个世界的根本本性,他离自己的本性也就更近了**(接近自己的完美,成为更完善的自己)。这种相互作用的影响似乎是双向的,因为随着人以某种理由逐渐靠近自己的本性和完美,他们能更容易地看到这个世界里的存在价值。随着自身变得越来越完整,人也更有可能看到整个世界更多的统一性。随着人变得越来越懂得存在性快乐,他便越能发现世界的存在性快乐。随着人变得越来越强大,他就更能看到这个世界的强大力量。彼此使对方成为可能,就像压抑会让这个世界看起来不那么美好,反之亦然。随着他们向完美靠近(或者随着他们越来越失去完美),人和世界也就变得更像彼此(108,114)。

或许这就是爱者融合的部分含义,在宇宙的体验中与世界相融合,以恢宏的哲学洞察力感受到自己是整体的**一部分**。一些(不充分的)相关资料(180)表示,一些描述"优秀"画作结构的品质也可以用来形容优秀的人,如整体、独特、鲜活这些存在价值。当然,这是可以检验的。

19. 如果现在我暂时把所有这些都放进另一个许多人都熟悉的参照系统里,也就是心理分析中,那对有些读者会很有帮助。次级过程处理潜意识和前意识之外的真实世界(86)。逻辑、科学、常识、良好的调整、文化适应、责任、规划、理性等都是次级过程的方法。初级过程最初被发现存在于神经病患者和疯子身上,然后是孩子身上,只是到最近才在健康的人身上发现。在梦境中潜意识发挥作用的规则能被看得最清楚。希望和恐惧是弗洛伊德机制的原动力。调整良好、负责任、有常识的人在真实的世界里如鱼得水，他们做到这些，通常必须在一定程度上不去管潜意识和前意识，否认和压抑它们。

几年前，当我必须面对我选出的自我实现研究对象的实际情况时，我曾最强烈地意识到这一点。他们既是非常成熟的，与此同时又是孩子气的。我称为"健康的孩子气"或"第二次天真"，克里斯（Kris，84）和自我心理学家认为这是"在自我协助下的退化"。这种现象不仅存在于健康的人身上，而且最终被认为是心理健康的**必要条件**。爱也被认为是一种退化（也就是说，不能退化的人就不可能爱）。而且，最终，分析学家同意，灵感或伟大的（初级）创造性在某种程度上来源于潜意识，即一种健康的退化，一种暂时远离现实世界的向后转。

现在，我在这里描述的内容或许会被视为**自我、本我、超我和自我理想的融合**，是意识、前意识和潜意识的融合，是初级过程和次级过程的融合，是快乐原则和现实原则的综合，是不畏惧最高成熟帮助的健康退化，是一个人在所有等级中实现的真正整合。

## 重新定义自我实现

换句话说，任何人在任何高峰体验时都暂时具有很多我在自我实现者身上发现的特点。也就是说，这时他们变成了自我实现的人。要是我们愿意，我们可以将之视为一个短暂的性格变化，而不仅仅是一个情感认知的表现状态。此刻不仅是人最快乐、最兴奋的时刻，而且也是最成熟、最个性化和最完满的时刻，总而言之，是他最健康的时候。

这使得我们有可能重新定义自我实现，我们可以清除其静态和类型方面的缺点，使之不至于成为极少数人在六十岁时进入的一种全有或全无的万神殿。我们可以视之为一段经历，一次迸发。此时，人的力量以效力显著和极度愉悦的方式汇聚到一起，人们变得更完整，分歧更少，对经验更开放，更为特殊，表达力更完美，更具自发性，充分发挥功能，更有创造性，更幽默，更能超越自我，更独立于低级需要，等等。在这些经历之中，人们变得更加忠于自我，更完美地实现潜能，更加接近存在核心，成为更完整的人。

从理论上来说，这样的状态或经历会在任何人生命中的任何时间发生。看来，那些我称为自我实现者的人，他们区别于其他人的特点在于，在他们身上，这些经历似乎来得比普通人更频繁、更强烈、更完美。这就使得自我实现成为一个程度问题和频率问题，而不是一件全有或全无的事，因此，使得自我实现更经受得起现有研究程序的检验。我们不必局限于去寻找那些据说大部分时间都能实现自我的稀少研究对象。至少从理论上来说，为了寻找自我实现的经历，我们还可以搜索**任何人**的生活史，尤其是那些艺术家、知识分子和其他有创造力的人、宗教人士，以及在心理疗法或其他重要成长经历中体验过巨大顿悟的人的生活史。

## 外部效度的问题

迄今为止,我以经验主义的方式叙述了主观的经验。其与外部世界的关系则是另外一回事。仅凭认知者**相信**他的认知更真实更完整,证明不了他真的做到了这一点。判断这种相信的效度的标准,通常存在于作为认知对象的物体或人身上,也可能存在于创造出来的产品中。因此,从原则上说,这对相关性研究来说是简单的问题。

但是,在何种意义上艺术能被视作知识?审美知觉自然拥有其内在的自我肯定,所以感觉像是一种宝贵的奇妙的体验,但是一些幻觉和错觉也同样如此。此外,一幅让我没有任何感觉的画可以唤起你的审美体验。即便我们超越个人的不同,有效性的外部标准问题依然存在,所有其他知觉都存在这个问题。

爱的知觉、神秘体验、创造性时刻以及顿悟的闪现也是如此。

一个人对他所爱之人的认知是别人无法做到的,他不怀疑他的内在体验的内在价值,不怀疑对他自己、他心爱的人和这个世界的很多良好结果的内在价值。如果拿母亲爱孩子来举例,这个情况就相当明显了。爱不仅使她认知到了潜力,而且爱还使这些潜力变为现实。缺乏爱,自然会抑制潜力,甚至会扼杀它们。个人成长需要勇气、自信,甚至是敢于冒险;如果没有来自父母或伴侣的爱,就会产生相反的后果,比如自我怀疑、焦虑、感觉自身毫无价值、认为会遭到嘲笑等,所有这些都会抑制成长和自我实现。

所有人格学和心理疗法的体验都可以证明爱可以把潜能变成现实，没有爱则会阻滞，不管值不值得都是这样（17）。

那么，就出现了一个复杂且间接的问题，按照默顿（Merton）的说法，就是："这个现象在多大程度上是自我实现的预言？"一个丈夫相信他妻子很美，或者妻子坚信她丈夫很勇敢，在某种程度上就**创造**出了美或勇气。这并不是对已经存在的事物的认知，而是由于信念而导致存在。能不能将之视为知觉潜能的一个例子，因为**每个人**都有可能变得美丽、变得有勇气？如果可以，那这就不同于对真实可能性的认知，比如认为有人会成为伟大的小提琴家，而这并不是一个普遍的可能性。

然而，即便撇开所有这种复杂性不谈，对于那些希望最终把这些问题带入公共科学领域的人来说，疑虑依然潜伏在某个地方。比较常见的情况是，对别人的爱经常能带来幻觉，能认知到不存在的品质和潜能，因此，这并不能算是真正的认知，而是在相爱者心里创造出来，这种创造依赖于他的一系列需要、抑制、克制、投射和合理化。如果爱比不爱更具知觉力，那么也可以说它是更盲目的。如果是这样，那个研究问题依然会困扰我们：我们如何才能选出那些更敏锐地知觉真实世界的实例呢？我已经从人格学层面上阐述了我的观察结果，即该问题的答案之一在于知觉者心理健康的各种变量之中，可能与爱的关系有关，也可能与爱的关系无关。越是健康，对这个世界的知觉就越准确和敏锐，所有其他事情也是如此。由于这个结论是非对照观察的产物，所以，它应该仅仅作为一个假设，等待对照研究的验证。

一般而言，在审美和智力的创造力迸发时，在顿悟的体验中，都会有类似的问题困扰我。在这两种情况下，体验的外部效度并没有完美地和现象学自我肯定联系在一起。强大的洞察力也可能出错，强烈的爱也可能消失。在高峰体验中创造出来的诗歌过后可能会被认为不满意而被丢弃。一个经得起检验的作品创造与后来在冷静、客观的批评审查中被放弃的作品创造，在主观上的感受是相同的。平常就很有创造性的人很了解这一点，期待他们洞察力的一半的伟大时刻不会耗光。所有高峰体验感觉和存在性认知一样，不过并非所有高峰体验都真的如此。然而，我们不敢忽略这些清晰的暗示，至少是某些时候，知觉的更明晰和更高效能在比较健康的人身上和比较健康的时刻发现，比如，有些高峰体验**就是**存在性认知。我曾经提出过一个原则：如果自我实现者可以并且确实能比我们其他人更有效、更充分、更少受动机影响地去认知现实，那么我们就可以把他们作为生物学试验来使用。相比通过我们自己的眼睛，通过**他们**更强大的敏感性和知觉，我们可以更清楚地了解现实是什么，就好像可以用金丝雀来测试矿洞里的瓦斯含量，一些敏感度不那么高的生物则做不到这一点。作为连接到相同弓箭的第二根弦，在最具知觉力的时刻，在我们的高峰体验中，我们或许可以利用自己——这时**我们**是自我实现的，给我们自己提供一份比平时所能得到的关于现实本质更真实的报告。

有一点终于变得清晰，即我所描述的认知体验不能取代通常需要怀疑和谨慎态度的科学程序。不管这些知觉多么富有成效，多么敏锐，而且我们也承认它们可能是发现某种真相的最好或是唯一的方式，然而检查、选择、拒绝、确认和（外部）验证的问题，在灵光闪现后仍然与我们相随。无论如何，有一点看起来很傻，那就是把这些问题放在一个不相容的排他关系中。现在，有一点很明显，它们互相需要，互为补充，就像拓荒者与定居者的关系一样。

## 高峰体验的后效

在各种高峰体验中，有一点可以和知觉的外部效度这个问题完全分开，即这些体验对人有哪些后效。从另一种意义上说，这些后效据说可以验证这些体验。我提供不了对照研究数据，我的依据只是我的研究对象普遍认为确实存在这样的后效，还有我相信这样的后效真实存在，所有讨论创造性、爱、洞察力、神秘体验和审美体验的作家也都完全认同。在这些基础上，我觉得至少做出如下推断和主张是合理的，而且它们都是可以检验的。

1. 从消除病症的严格意义上来说，高峰体验可能而且确实拥有治疗效果。我这里至少有两份报告，一份来自一位心理学家，另一个出自一位人类学家之手，内容有关神秘的或大海般的体验，称这些体验意义深远，可以永远消除某些神经症状。这样的转换体验在人类历史中自然多得不胜枚举，可据我所知，心理学家或精神病学家从未对其加以注意。

2.高峰体验可以让一个人对自己的看法向健康的方向转变。

3.高峰体验可以在很多方面改变一个人对他人以及他与其他人的关系的看法。

4.高峰体验可以或多或少地改变一个人对这个世界的看法，或是对于世界某些方面和部分的看法。

5.高峰体验可以让一个人拥有更大的创造性、自发性、表达力和特质。

6.一个人会把这种体验作为非常重要和令人满意的事件铭记在心，而且会找机会再次经历。

7.这样的人更易于觉得生活一般而言是值得去体验的，即使生活通常都很单调、缺乏想象力、痛苦、叫人难以满足，因为美、兴奋、诚实、游戏、善良、真实和意义这些东西真的存在。也就是说，生活本身得到了证实，自杀和对死亡的渴望就不太可能了。

很多其他影响可以说是**特别的**、奇特的，但取决于不同的人及其特殊的问题。在经历高峰体验后，人们会觉得这些问题已经得到解决，或是能从全新的角度去看待问题。

我认为，这些后效全都可以被普遍化，可以是能交流的感觉，如果高峰体验能比作是去拜访个人定义的天堂的话，那么，高峰体验之后，人们便从这个天堂返回尘世。这种体验产生的令人愉快的后效，有些是普遍性的，有些是个体性的，都会被视为是有可能的。[1]

我还要强调一点，对于审美体验、创造体验、爱的体验、神秘体验、顿悟体验和其他高峰体验所具有的这种后效，艺术家、艺术教育者、具有创造性的老师、宗教和哲学理论家、有爱的丈夫、母亲、治疗专家和其他很多人都在前意识中视之为理所当然，而且普遍地期待它们发生。

总的看来，这些良好的后效比较容易理解。比较难解释的一点则是在某些人身上看不出明显的后效。

---

1 请与柯勒律治的诗句对照："如果一个人在梦境中穿越天堂，并得到一朵赠给他的花作为他的灵魂真的去过那里的象征，如果他醒来后发现手里拿着那朵花——啊！那之后会怎么样？"选自《塞缪尔·泰勒·柯勒律治：诗歌散文精选集》【*Samuel Taylor Coleridge: Selected Poetry & Prose*（Rinehart, 1951），p. 477】。

# 第七章　强烈的同一性体验：高峰体验

第七章是马斯洛1960年10月5日在精神分析促进协会于纽约召开的卡伦·霍妮纪念会上所做的关于同一性与异化的演讲的修订稿。马斯洛擅长解决任何有关个体（本文指"同一性"）的问题，并提出自己的观点，这篇文章便是很好的例子。

当我们探求同一性的定义时，我们必须牢记，这些定义和概念并非存在于某个隐蔽的地方，耐心地等待着我们发现。我们只能**部分地**发现它们，**我们也部分地**创造了它们。无论我们如何形容同一性，都是管中窥豹。当然，在这之前，我们首先应当感受和理解这个词已有的各种含义，随之就会发现，许多作家会用同一个词来表述千差万别的事实与活动。当然，我们要从这些行动中看出端倪，了解作者使用这个词时的意指。对形形色色的心理医生、社会学家、自我心理学家以及儿童心理学家来说，即使他们使用这个词时的意指相近或相交，也不尽相同（也许这个类似性就是如今同一性的"含义")。

关于高峰体验,我有另一个心理过程要叙述。在高峰体验中,"同一性"具有多种多样的含义,这些含义真实有效,能够被人所感知。不过,我不认为这些就是同一性的真正含义,它们仅仅是另一种角度而已。因为我认为处于高峰体验中的人**具有最高程度的**同一性、最接近真正的自我、最不同寻常。高峰体验似乎是非常重要的、干净而未被污染的感觉源泉。也就是说,在高峰体验中,发明降到了最低,发现则升至最高限度。

对读者来说,下述所有"单独的"特征显然并非互不相关,而是通过不同的方式彼此关联,比如重叠,同一种事物的不同说法,用隐喻义表达同一层含义,等等。对"整体分析"理论(与原子论或还原论分析对立的)感兴趣的读者可参看我的另一部著作(97,第三章)。我将用整体论的方法进行叙述,即不是把同一性拆分成完全分离、相互排斥的部分,而是在手中反复把玩,凝视它的不同侧面,或者像一位鉴赏家凝视一幅精美的油画,把它放到(作为一个整体)不同的结构中进行观察。这里探讨的每一个"方面",都可看作是对每一个其他"方面"的部分解释。

1. 处于高峰体验的人感觉比其他任何时候都更整合(和谐、健康、协调)。(在旁人眼中),他同样表现得更整合(见下文),比如更少割裂或分裂,较少同自己斗争,与自己相处更和谐,自我体验与自我观察较少分裂,专心一意、井然有序、各个部分协调有序、组织更为高效，更加协调，内耗减少等。[1]关于整合及其满足条件的其他方面，留待后文再做探讨。

2. 当他达到更纯粹、更个别化的自我时，也就越能与世界相融合[2]，与从前的非自我融为一体。比如相爱的两个人越走越近，构建一个整体而不是两个人，有望实现"你我一元论"；创作者与他创造的作品结为一体；母亲与自己的孩子融为一体；鉴赏家**化**

---

[1] 治疗师对整合特别感兴趣，不仅在于整合是所有治疗的一个主要目标，还涉及一个有趣的问题，即我们说的"治疗分裂"（therapeutic dissociation）。因为治疗来自深入了解，势必要同时进行体验和观察。比如精神病患者，他们身处其中，却无法对自己的切身体会做出超然的观察，尽管他们处在这样一种无意识状态，但他们感受不到，这段体验不会使他们有多大改观。当然，治疗师也必须把自己分成完全相反的两个部分，因为他势必要同时接受和不接受这名患者。也就是说，一方面，他要给予"无条件的积极关注"（143），为了理解患者，他必须与他同一，他要放下一切评判和评价，他必须体验患者的世界观，他必须以"你我相遇"这一态度与他交朋友，他必须用宽宏的上帝般的爱来爱患者，等等。但另一方面，他也要含而不露，不认同、不接受，因为他是要治他的病，改善他的病情，也就是说打造与目前不一样的他。这种一分为二的疗法，显然是多伊彻和墨菲疗法的基础。

上文中"你我相遇（I-Thou encounter）"一词，请参见犹太哲学家马丁·布伯（Martin Buber，1878—1965）的诗作（见1937年版，Edinburgh：T&T Clark，以及1986年版，New York：Collier Books。紧随其后的"Agapean"一词出自希腊文版《新约》中常见的一个希腊语单词 Agape，指上帝对人以及人与人之间纯洁、真诚、无私的爱。

但与双重人格的问题一样，无论是患者还是心理医生，治疗的目的无非是让他们结为和谐、不可分割的统一体。你恐怕要说，这越来越像一种纯粹的经验自我，始终能做到的自我观察成为一种**可能性**，兴许成为一种前意识。在高峰体验中，我们变得越来越纯粹地经验自我。

[2] 我意识到我使用的语言"暗含了"体验，也就是说，只有不压抑、不克制、不否认、不畏惧自己的高峰体验的人，才能明白其中的真意。我相信，与"没有获得高峰体验的人"进行有意义的交流也是存在可能的，但这个过程漫长而艰难。

作了音乐（或音乐化作**他**）、油画或舞蹈；天文学家"化作"天上的星辰（而非隔着一个天文望远镜，两个单独的个体遥遥相望）。

也就是说，同一性、自主或自我最大限度的实现，其本身也是一种自我超越，在自我之上或之外。人继而变得相对无我。[1]

3. 高峰体验中的人常常自认为处于自身力量的巅峰，充分发挥了自己的聪明才智。罗杰斯（145）一语点破，他自认为"充分发挥了自身的能力"。他觉得他此刻比其他时候更聪明、更敏感、更睿智、更健壮或更风度翩翩。他处于他的最佳状态，处于高效能状态，处于他的形态的巅峰。不仅是他自己有这种感觉，别人也看得真真切切。他不再枉费精力去挣扎，也不再对抗和克制自己；不再自相矛盾。一般来说，我们的一部分才智用于付诸行动，另一部分才智却浪费在限制自己的同一才智上。现在，在高峰体验中，不存在浪费，全部才智都可以用于行动。他仿佛一条河流，没有堤坝的阻碍，奔腾流向远方。

4. 充分发挥作用还有一个略微不同的含义，即人处在最佳状态时，可以毫不费力、轻而易举地发挥作用。往常费尽周折、百般辛苦的事，如今却不必力争，不必吃尽苦头，而是"水到渠成"。只要一切"顺利""得心应手"或是"超常发挥"，随轻而易举、不费功夫就能发挥作用而来的，不仅是感觉风度翩翩，整个人也显得风度翩翩。

---

[1] 我认为，把它称为完全丧失自我意识、自我觉知和自我观察，就容易充分地表达出这个意思。这种情况对我们来说很正常。无论是心无旁骛、饶有兴趣、聚精会神、"超越自我"（无论是否处在高峰体验的高水平上），还是一门心思地想着一部电影、小说、足球比赛，我们忘乎所以、忘了苦痛、不修边幅、将烦恼抛到脑后。其实，我们一向认为这是一种愉悦的状态。

这个时候，人从外表上看显得冷静、自信和能力卓绝，就好像他了解自己的任务，且在行动过程中全力以赴，不怀疑、不含糊、不犹豫、不有所保留。不会偏离目标，也不会出手绵软无力，而是击中要害。伟大的运动健将、艺术家、创造者、领导者和行政官员在充分发挥作用时，就显现出这一行为特质。

【相比前文提到的内容，这一点与同一性这个概念之间的联系显然弱了一些，不过我认为，因其外部性与公共性而易于研究，所以应将它看作"成为真正的自我"的一个附带现象特点。此外，我认为，这一点对于充分理解神圣的欢乐（如幽默、玩笑、傻气、愚蠢、嬉戏、欢笑）等是必要的，在我看来，神圣的快乐是同一性的最高存在价值之一。】

5. 处于高峰体验中的人觉得自己比平时更负责，更积极主动，是他的活动和感知的创造中心。他觉得自己更像一个原动力，更能自我决定（而不是顺从、被决定、无能、依赖、消极、软弱、受人摆布）。他自认为是自己的主人，完全负责、意志坚强，比平时具有更多的自由意志，是自己命运的主人、代理人。

此外，在旁人眼中，他同样显得行事更果断、更具力量、更专一，能够不屑一顾或力排众议，更坚定地确信自己，常常给人留下谁也拦不住他的印象。现在，他对自己的价值以及执行他所决定做的一切事情的能力深信不疑。在旁人眼中，他可信、可靠，是一个可放心托付重任的人。在治疗、成长、教育或婚姻中，常常能见到他变得负责的伟大时刻。

6. 现在，他摆脱了阻碍和压抑，放下了戒备、畏惧、疑心，不再拘束、不再有所保留、不再自我批评，放开了手脚。这或许是价值感、自我接纳与自爱自重的消极方面，这个特点不但是主观现象，也是客观现象，可以从两个方面进行深入探讨。当然，这不过是前文与后文提到的各种特点的一个不同"方面"。

这些发生的事情或许在原则上是可以检验的，从客观上说，这些都是互相矛盾的，而非相辅相成的。

7. 因此他表现得更加主动、更长于表达，也更加单纯（坦诚、自然、诚实、耿直、直率、天真烂漫、不做作、没有防备），更加自然（质朴、放松、果断、爽直、真诚、真实、某种意义上的纯朴、直接），无拘无束，感情自然流露（不由自主、冲动、条件反射般、"本能"、无拘无束、自我意识、无思想、无意识的）。[1]

8. 因此，从特定的意义上来说，他更具"创造性"（参见本书第十章）。由于自信满满、没有怀疑，他的认知和行为可以用道家的顺其自然或格式塔派心理学者描述的灵活方式，以内在的、"显露"的条件或要求（而不是以自我中心或自我意识为条件），以任务、责任或事业【弗兰克尔语（44，45）】的本质条件进行塑造。因此，他的认知和行为是更即兴的，不加准备、信手拈来、凭空创造的，显得出人意料、更加新颖、不落俗套、真实、质朴、难能可贵。另外，在某种程度上，更少准备、计划、设计、预谋、练习，不蓄意为之，这些词也包含着先机和筹划。由于这些认知

---

[1] 真正同一性的这个方面非常重要，有着诸多的言外之意，难以描述，不可言传，因此我增补了以下有着些微重叠意义的部分近义词：无心、自然、自由、自愿、不假思索、无意、鲁莽、直率、毫无保留、坦白、直白、率真、豪爽、不做作、不装腔作势、坦率、耿直、浑然天成、镇定、信赖。这里暂且不谈"单纯的认知"、直觉以及存在性认知这几个问题。

与行为突如其来,刚刚出现,因此相对是非寻求的、无欲念的、非需要的、无目的的、非奋力以求的、"无动机的"或无驱力的。

9. 这一切还可以换一个说法,叫作别具一格、独具个性或特色。如果说所有人大体上是彼此不同的,那么每个人的高峰体验则是**千差万别的**。若人在许多方面(角色)上可以互相代替,在高峰体验中,角色则渐渐消失,人们变得极少能互换了。不论他们实际上怎样,不论"独特的自我"意味着什么,在高峰体验中,他们之间的差异更加凸显。

10. 在高峰体验时,一个人只有当下(133),彻底抛却过去和未来,全神贯注于体验。比如此时他比其他时候更善于倾听。由于他没有形成习惯,没有预期,所以能充分去倾听,不受任何期望值的影响,这种期望值建立在过往情况的基础之上(与目前的情况不尽相同),也不受希望或忧虑的影响,它们建立在对未来进行规划的基础之上(这意味着只是把现在作为通往未来的手段,而不是把现在本身作为目的)。而且,由于他这时超越了欲望,所以他无须用恐惧、憎恨或希望来给自己贴标签。他更不必为了做出评价而比较此地有什么和没有什么(88)。

11. 身处高峰体验中的人此时成为更纯粹精神的而较少世故的人(参见本书第十三章)。也就是说,此时左右他的是心灵深处的戒律,不是与之迥异的非精神的现实法则。这听上去似乎自相矛盾、有悖常理,但其实不然。而且,就算矛盾,也应当得到承认,因为它具有某种意义。当一个人不干涉自我、不干涉别人,那么他最有可能对他人抱有一种存在性认知;自重自爱**与**尊重、热爱别人,二者是相辅相成的。我之所以能把握非我,是通过"非掌控"的手法，比如顺其自然、不去管它，允许它按照自己的原则而不是我的规则生活处事，就好像我活出真正的自己，摆脱非我，不听命于**它的**主宰、不愿按**它的**原则生活，执意只按我本来的原则与标准生活。一旦出现了这种情况，结果却发现，内在（我）与外在并没有天壤之别，也**并非**相互对立。结果证明，两套原则都非常有趣，甚至能相互结合、融为一体。

两个人之间的存在爱关系，是帮助读者解开这个文字游戏的一个再简单不过的例子，但也可以用其他高峰体验来解释。显而易见，在这种理想的交流层面上（我称作存在范畴），自由、自立、掌握、放手、信任、愿望、依恋、现实、别人、分离等，个个都有着复杂丰富的含义，而在日常生活的缺乏、欲望、需要、自我保护、分歧以及极端与分化这些匮乏领域中，这些词则不具备这样的含义。

12. 强调无争无欲、将它看作我们研究的重点（或组织的中心），具有某种理论意义。通过上文的各种描述，尤其是从匮乏性需要这个角度来看，高峰体验中的人变得无动机（无驱力）。在同一个讨论范畴里，将高度、真正的同一性描述为无争、无欲、无求，比如超越日常的需要和驱力。他只是存在着。快乐已经达到，这意味着对快乐的**追求**暂时告一段落。

上文说的就是这种自我实现者。这时候，凡事顺其自然，喷涌而出，没有意志、不费力气、漫无目的。这时候，他全力以赴、不留缺憾，不因于安逸，不降低需要，不逃避痛苦、烦恼和死亡，也不为了将来或其他目的。他的行为和体验成为**本质的东西**，是自我证实的，是目的行为和目的体验，而不是手段行为或手段体验。

在这个层面上，我认为此人像神一样，因为人们普遍认为，神无欲无求、完美无缺，对任何事都感到满足。因此，追根溯源，这种特点，尤其是"至高无上""完美无缺"的神圣行为都基于无欲无求。在了解**人类**基于无欲无求而发生的行为时，我发现这些论断很有启发作用。比如，我发现它们对于理解超凡的幽默和娱乐理论、无聊理论、创造性理论等，都是很有启发的。人类的胚胎也没有欲念，这种事实恐怕是第十一章中探讨的高级涅槃和低级涅槃易于混淆的根源。

13. 高峰体验中的措辞和交流往往富于诗意、神秘和夸张，就好像要表达这种存在状态天生就该使用这样的语言。这是我新近在我研究的课题和从自己身上察觉到的一个现象，所以无法谈论太多，只在第十五章中有所提及。同一性的言外之意是一个人越真实，他就会变得越像诗人、艺术家、音乐家和先知。[1]

14. 所有的高峰体验都可以有效地理解为大卫·M. 列维（David M. Levy）认为的"行为完成"，或格式塔派心理学家认为的闭合，或赖希[2]认为的高潮，再或是完全释放、发泄、高潮、终结、清空或结束（106）。与之形成鲜明对比的是未解决的问题的持续活动，乳房或前列腺半空不空，排泄毫不酣畅淋漓，无法放声痛哭排遣痛苦，因为节食而处于半饥饿状态，以及永远无

---

[1] "诗叙述的是最幸福、最佳的精神状态下，最佳和最幸福的一刻。"——雪莱
[2] 这里说的是特立独行的精神分析家威廉·赖希（Wilhelm Reich, 1897—1957），他认为通过完美的性高潮释放被压抑的性精力是心理健康的根本前提。暂且不论这个理论有无道理，它最终因为他兜售治疗从神经衰弱症到癌症等各种疾病的"元气盒"（一种宇宙性能量的收集器）而黯然失色。

法达到完全整洁的厨房，含蓄的性交，强压住的怒火，得不到练习的运动员，墙上不能改正的扭曲的画作，忍气吞声、不称职或不公平，等等。从这些事例中，读者不难从表面上了解完满是多么重要，以及这个观点为什么有助于进一步了解此前经历的与世无争、整合、放松等。完满可被看作尽善尽美、公正、美妙、结果，而不是手段（106）。由于外部世界与内在世界在一定程度上具有同构性，存在辩证关系（"互为因果"），好人创造美好的世界，美好的世界成就好人这一问题似乎也有了答案。

高峰体验与同一性到底有何关系？真正的人或许本身就是完整的，已经抵达终点；他必定不时地体验主观上的终结、圆满或完美，他必定有过这种感受。结果**恐怕只有**高峰体验者才能实现完全的同一，而非高峰体验者始终存在缺憾、不足、缺失，他们要时刻力争，他们生活在手段之中，而不是目的之中。如果这种相关性被证明是不完美的，我至少可以肯定，真实性与高峰体验之间是正相关的。

当我们研究身心的紧张以及持续不断的不完全性时，发现这些情况似乎不仅与从容、平和以及心理健康不相容，而且与身体健康格格不入。不少人对高峰体验的解释都近似于（唯美的）死亡，并且在最深刻的生活中也矛盾地盼着或愿意死去。由此，对这一费解的现象，我们似乎有了一点线索。正如兰克（76，121）所指出的那样，圆满或善终兴许在隐喻、神话或古语中就是死亡。

15. 我坚信，某种快活是一种存在价值。我之所以这么认为，部分理由在前面已经论及了。一个最重要的理由是在高峰体验中（内心或外界）常常被提及，研究人员从体验者的外部行为中也可察觉到这一点。

英语词汇在这方面相当贫乏（**总之**难以描述"更深一层次的"主观体验），难以描述这种存在快活。这之中存在的广阔、神圣、愉快、诙谐等性质，无疑超越了各种敌意。我们不妨将它简单地称作幸福的喜悦、欢天喜地或欢喜。它有着丰富、有余（不是匮乏性动机）等充盈的性质。在这层意义上，它是存在主义的，它是切合人的渺小（虚弱）和博大（强壮）的乐趣或快乐，超越了主宰—顺服这两个极端。快活肯定有着某种成功喜悦的性质。有时候兴许有宽慰的性质，它既是成熟的，又是幼稚的。

这就是马库斯（93）和布朗（19）笔下的结局、乌托邦、真善美[1]和超验，或者尼采哲学式的。

快活本来的定义是悠闲、不费功夫、优雅、好运，摆脱障碍、约束和疑问后的释然，和存在性认知在一起的乐趣，超越以自我和手段为中心，超越时间、空间、历史、地域。

最后，快活本身就是一个整合者，与美、爱或创造性智力一样。就某种意义上来说，它是二分法的解决者，解决了许多难以解决的问题。它是人类境遇的良好解决方案，它教导我们解决问题的一种好方法就是对问题感兴趣。快活能让我们同时生活在缺失和存在这两个王国之中，一如塞万提斯那样，既是堂吉诃德，又是桑丘·潘沙。

16. 处于高峰体验和体验后的人尤其觉得幸运，感觉承蒙上

---

[1] 马斯洛以希腊语前缀"eu-"（意思是真善美），杜撰"eupsychian"一词引申"utopian"的含义。延伸的目的是说明人类生活和社会只能完善到我们可以理解、兼顾基本的人类需求的程度。

天的恩典。一个常见的反应是:"我不配得到这些。"高峰体验并非事先设计安排,也不是刻意为之,而是偶然发生的。我们"被快乐惊呆了"(91a)。惊喜、出乎意料、快乐的"认知震惊"是非常常见的反应。

感恩感是一个常见的结果,信教的人感谢上帝,其他人则对命运、大自然、他人、过去、父母、世界,以及有助于实现这一奇迹的一切感恩。感恩可能转化为尊敬感谢、崇拜、赞颂、供奉以及其他容易落入宗教框架的反应。显然,凡是宗教心理,超自然的也好,自然的也罢,一如要顾及宗教起源的种种自然主义理论,势必要考虑这些事件。

这种感恩感常常表现为或形成一种包容一切人或物的爱,认为世界是美和善的,常常表现为或引发成为为了世界做些好事的冲动,回馈社会的渴望,甚至引起一种责任感。

最后,我们兴许能在理论上将上文提到的谦虚和骄傲与自我实现、真正的人相联系。幸运的人不会一概认为自己全凭运气,心存敬畏或心存感激的人也不会。他势必要自问,"我配得到这个吗?"这种人能处理好傲气和谦虚,将二者合为一个复杂、非同寻常的整体,也就是说,(一定程度的)傲气和(一定程度的)谦虚。(带着谦虚色彩的)的傲气不是**狂妄**,也不是偏执;(带着骄傲色彩的)谦虚也不是受虐狂。只有一分为二,才会使它们病态化。存在性感恩能够将英雄和谦卑的仆人整合为一体。

## 结论

我想重点强调一个上文（第二项）讨论过的主要矛盾，即使我们并不理解它，我们也必须面对。同一性的目标（自我实现、自律、个性化、霍尼笔下的真我、真实性等）似乎既是一个终极目标，又是一个过渡性的目标——过渡的仪式、通往超越同一性道路上的一步。这好像是说，它的功能就是消灭它自身。就其他方面而论，如果我们的目标是东方式的，即超越和消除自我，忘掉自我意识和自我观察，与世界融合并与它同化，那么，对大多数人来说，通往这一目标的最佳途径是实现同一性、塑造一个强大的真正的自我，或是满足基本需要，而不是禁欲。

可能还有一点是与这个理论相关的，我的年轻的实验对象倾向于汇报高峰体验时的**两种**身体反应：一种是兴奋、高度紧张（"我情绪亢奋，喜欢上蹿下跳，喜欢大喊大叫"）；另一种是放松、平和、安宁、安静。比如一次妙不可言的性体验或者审美体验或者创造性狂热，**两种**反应**皆有**可能。或者保持兴奋，难以入眠，或不愿入眠，甚至食不甘味、便秘，等等；再或者是彻底放松、慵懒或酣睡。这意味着什么，我不得而知。

# 第八章　存在性认知的一些危险

本章是为了纪念库尔特·戈尔茨坦,首次刊登在1959年15期的《个体心理学杂志》第24—32页。

  本章的宗旨是纠正普遍存在的一个误解,即认为自我实现是一种一成不变的、虚幻的"完美"状态,在这种状态下,一切人的问题都迎刃而解,人们处于或宁静或狂喜的超人状态,"从此以后永远过着幸福的生活"。一如前文所述,实际远非如此。
  为说明这一情况,我不妨将自我实现称作人格培养,帮助人改掉青年的不足,摆脱人生的神经质问题(或幼稚、幻想、庸人自扰、"虚幻"),从而能直面、承受和抓住人生的"实际"问题(人内在的终极问题,不可避免的、迄今还没有完美解决方案的"存在性"问题)。即并非没有问题,而是暂时或虚幻的问题转化为实际问题。说得惊世骇俗一些,我甚至可以称自我实现者是自我认可和顿悟的精神病患者,因为这个词或许可以解释为"理解和接受人的本来面目",比如勇于面对或承认,甚至对人性的

"不足"自嘲自乐,而不是一概否认。

我希望在将来讨论的是(尤其是)连高度成熟的人都会碰到的实际问题,如真正的愧疚,真正的悲伤,真正的孤独,无碍别人的自私、勇气、责任心,对别人的责任感,等等。

当然,除了看见真相而不是自欺欺人所获得的内在满足,人格发展还有一个量(和质)的提升。从统计学上讲,大多数人的内疚是神经过敏而不是真正的内疚。摆脱神经质内疚意味着尽管保留着真正的内疚,但内疚的数量在绝对值上是减少了。

不仅如此,高度发展的人格同时也有更多的高峰体验,而且这些体验是更加深刻的(即使这一点可能不大符合"执迷"或阿巴顿式高尚的自我实现)。也就是说,尽管成为更加完善的人,仍摆脱不了问题和痛苦(尽管是"更高级"类型)。不过事实上,问题和痛苦在量上是减少了,快乐在质和量上则有了很大的提高。总之,个体达到个人发展的更高层次时在主观上会变得更好。

相比普通民众,自我实现者被发现在特殊类型的认知即存在性认知上更有能力。在第六章中,我把这种认知描述为本质、"存在"、内在结构或动态认知,是某物或某个人或万事万物现有的潜能。存在性认知与匮乏性认知、以人为中心和以自我为中心的认知相对。正如自我实现并不意味着没有问题,存在性认知作为自我实现的一个侧面包含着一定的危险。

## 存在性认知的危险

1. **存在性认知的主要危险是不付诸行动，或至少说优柔寡断**。存在性认知没有判断、比较、指责或评估。此外，存在性认知不做决定，因为决定是准备付诸实施，存在性认知是消极静观、欣赏、不干涉，比如"顺其自然"。只要一个人凝视肿瘤或细菌，心存敬畏、欣赏、好奇，被动地陶醉在这种丰富认知带来的喜悦之中，那么，他就会无所作为。愤怒、害怕、想改善境遇的欲望、想打破或废除的欲望、谴责、以人为中心的结论（"这对我不好"或者"他是我的敌人，会伤害我"），全都被暂时搁置在一边了。对与错、善与恶、过去与将来，一概与存在性认知无关，同时对它也是不起作用的。在存在主义者看来，这不是存在于世界之中，甚至也不是一般意义上的人性；存在性认知是神圣的、慈悲的、不积极的、不干涉的、无为的。在以人为中心的意义上，它无关敌友。只有变成匮乏性认知，付诸行动、做出决定、判断、惩罚、指责、规划未来才成为可能（88）。

那么，主要的危险是存在性认知当下与行动互相矛盾。[1] 不过，既然我们绝大多数时间生活在世界中，那么**行动就是必需的**（防御，攻击，或从观看者而不是被观看者的角度看属于自私自利的行动）。从"存在"的角度来看，老虎（苍蝇、蚊虫或细菌）

---

[1] 从奥尔兹的著名实验中或许能见到大致类似的情况（129a）。刺激一只小白鼠大脑的"快乐中枢"，小白鼠顿时一动不动，似乎很"享受"这种体验。因此人在药物的作用下体验到的极乐往往是安静和不活动的。为了保持正渐渐淡去的美梦记忆，最好是一动不动。

都有生存的权利;人同样如此。这样便**存在**一个不可避免的矛盾。即使关于老虎的存在性认知是反对猎杀老虎的,但实现自我可能要求必须杀死老虎。虽然按照存在主义的观点,自我实现这一概念的内在与必然的,是某种程度的自私和自我保护,是对必要暴力,甚至残忍的某种允许。因此,自我实现不仅需要存在性认知,而且匮乏性认知也是它不可或缺的一个方面。那么,也就是说,自我实现这一概念必然包含冲突、可行的决定与抉择。因此,搏斗、斗争、争夺、不确定、愧疚和悔恨也是自我实现的必然副产品。这就是说,自我实现**必然**包括静观和行动。

在有某种分工的社会里,这是有可能的。如果有人能采取行动,静观者可以不必付诸行动。我们不必凡事亲力亲为,为了吃牛排而亲自去宰牛。戈尔茨坦(55,56)以**广义概括的形式**指出了这一点。比如他的大脑受损病人能够无分离和无灾难性焦虑地生活,这完全在于有人保护他们,帮他们做他们力所不能及的事。因此,有了别人的默许和相助,一般来说自我实现变得有可能了,至少在某种程度上是如此。【我的同事沃尔特·托曼(Walter Toman)在谈话中也强调,在这个专业化的社会中,全面丰富的自我实现变得越来越不可能。】爱因斯坦,这位在晚年高度专业化的人才,由于有了妻子、普林斯顿大学和朋友们,才有可能自我实现。爱因斯坦能够放弃多面性并且自我实现,是因为有别人替他效劳。独自一人在一座荒岛上,他**兴许**会有戈尔茨坦意义上的自我实现("在环境允许的情况下发挥自己的才能"),但总之不是专门化的自我实现。也许他根本无法自我实现,比如他不幸葬身荒岛,或因为明显的无能为力而变得焦虑和自卑,抑或悄悄退回到匮乏性需要层次。

2. **存在性认知与沉思理解的另一个危险，是它可能使我们变得不负责任，尤其是对别人不肯伸出援手**。一个极端的例子是对婴儿的责任。"任其自然"是害了他，甚至毁了他。我们对非幼儿、成年人、动物、土壤、树木、花朵等都负有责任。外科医生对着一个大肿瘤惊叹且沉醉，可能会置患者于死地。我们若是赞美洪水，就不会筑堤造坝。不仅深受"无为"之害的人，连静观者自己都认为这一点千真万确，因为他想必为自己的静观和无为给别人带来的恶果愧疚（他**想必**愧疚，因为不管怎么说，他都爱着他们；他与他们有着"兄弟般的"情谊，也就是在乎**他们的**自我实现，他们的死或遭难却中止了他们的自我实现）。

老师对学生、父母对子女、心理医生对患者便是这种两难问题的最佳范例。我们从中不难看出，这种关系变成自身同类的关系。我们必须面对老师（父母、心理医生）在培养、照料等过程中必然产生的种种难题，比如树立界线、纪律、惩罚、可恨、成心捣乱、引起和忍受敌视等。

3. **活动的抑制和责任心的丧失会导致宿命论**，比如"未来会怎样就怎样。世界是怎样就是怎样。这是被决定了的。对此，我无法做任何事"。这是唯意志论的沉沦、自由意志论的沉沦，是一种决定论的坏理论，无疑对每一个人的成长和自我实现都有害。

4. **不活动的静观几乎必然会被深受其害的人误解**。他们会认为这种举动缺乏爱心、关爱和同情心。这不仅阻碍他们自我实现，而且可能使他们在成长的斜坡上往下滑，因为这种举动"告诉"他们这个世界很坏，人心险恶。结果，他们渐渐不再爱、尊重和信任世人。长此以往，尤其是对孩子、少年和弱势群体来说，意味着使这个世界变得更坏。他们把"任其自然"解读为无视、缺乏爱心，甚至是蔑视。

**5. 作为上述问题的一个特例，纯粹的静观包括不书写、不帮助、不教育。** 佛教徒认为辟支佛（Pratyekabuddha）与菩萨有别，因为辟支佛达到开悟的境界不为别人，只为自己。而菩萨却认为，只要还有人没有开悟，自己的超度就不完美。我们可以说，为了他的自我实现，他势必要抛开存在性认知的极乐世界，去帮助别人，教导别人。

佛陀的开悟是纯粹个体、私人的体验吗？或者也必然属于别人，属于这个世界吗？诚然，书写和教育常常（不是始终）要放下极乐或狂喜。它意味着自己放弃上天堂，而去帮助别人上天堂。禅宗教徒或道教徒是对的吗？《道德经》曰："道可道，非常道；名可名，非常名。"（这就是说，由于体验它的**唯一**方法是体验它，任何一种语言都无法描述它，因为它是不可言传的。）

当然，双方都有正确的一面（这就是为什么它是一个永恒的、没有解决的存在主义的二级困境的原因）。如果我发现了一片可与别人共享的绿洲，我是独自享受它，还是把别人领过去，以挽救他们的生命呢？如果我发现了在一定程度上因为静谧、没有人烟、幽僻而美丽的优胜美地，我是保持它的原状好呢，还是把它建成可供千百万人游玩的国家公园呢？由于人数众多，此举会改变它的面貌，甚至毁了它。我应该拿出我的私人海滩，与人共享，将其变成公共海滩吗？印度人尊重生命、不愿杀生，他们把牛养得肥肥的，却任婴儿大量死亡，这样做到底是对是错呢？在一个贫穷的国度，一群饥饿的孩子眼巴巴地望着我，我可以允许自己在多大程度上享受食物？我也该忍饥挨饿吗？在这些问题上，没有一个好的、无瑕疵的、理论上的先验答案。不论给出什么答案，肯定都有一丝遗憾。自我实现必然是自私的，也必须是无私的，因此这里必然有选择、矛盾，可能还有遗憾。

劳动分工原则（与个体体质差异原则相联系）也许能帮助我们找到一个较好的答案（但给不了圆满的答案）。一如各种宗教命令中，有人觉得是号召"利己的自我实现"，有人觉得是号召"为善的自我实现"。社会可能要求，一些人做"利己的自我实现者"或完全静观者，以作为支持（因而减轻内疚）。社会可能认为值得支持这些人树立一个好榜样，给别人以启示，证明真正、超脱尘世的静观是可以存在的。我们支持过许多伟大的科学家、艺术家、作家和哲学家，免除了他们教学、写作和承担社会责任的义务，不仅是为了这个"纯粹"的理由，也是为了他们能回馈我们而赌上一把。

这种两难困境反而将"真正的内疚"搞复杂了（弗洛姆所说的"人道主义的内疚"），我之所以称为"真正的内疚"，是为了与神经质内疚相区别。真正的内疚产生于对自己、对人生的命运、对自我的内在本质的不诚实以待；请参见莫勒（199）和林德（92）的著作。

不过此处又产生了一个问题。什么样的内疚是出自对自己的诚实，而不是对他人的诚实？大家都清楚，诚以待己与诚以待人有时存在内在、必然的矛盾。选择既是可能的，也是必需的。但只在极少数情况下，选择是完全令人满意的。一如戈尔茨坦所教授的，你必须诚以待人，如此才能诚以待己（55）；或一如阿德勒所言，社会利益是心智健康内在和明确的一个方面（8），世人势必不愿见到为了挽救另一个人，实现自我的人牺牲自己的一部分利益。另一方面，你必须**首先**诚以待己，世人势必会对那些未完成的手稿、被扔掉的画作表示抱歉，这些教训我们可以从真正（和自私）、无意帮助我们的静观者那里吸取到。

**6. 存在性认知可能导致不加甄别地接受、模糊普遍价值、丧失鉴别能力、过于容忍。** 之所以如此，在于每个人仅从自身存在的立场来看，认为自己是尽善尽美的。评估、指责、评价、否认、鉴定、比较，变得全都不适用而无关紧要（88）。但是，请允许我们说，对心理医生、爱人、教师、父母、朋友来说，无条件地接受是**必要条件**，但对法官、警察或官员来说，只有无条件接受很显然是不够的。

我们已经认识到上文暗含的两种人际态度的某种必然的矛盾。大多数心理医生拒绝承担管教和惩罚病人的责任。许多经理、官员、将军也不愿为自己的手下、他们不得不开除或惩罚的人承担治疗或人事责任。

对绝大多数人来说，这种两难困境是由于在不同场合必须身兼"治疗师"和"警察"二职所造成的。与常常甚至没有意识到存在丝毫困境的普通人相比，认真肩负这两种责任的完人恐怕要深受这种困境的困扰。

或许是由于这个原因，或许是由于别的因素，目前研究的自我实现者一般都能通过同情和理解把两种功能结合起来。而且，他们比普通人更有正当义愤的能力。有证据表明，相比普通人，自我实现者与心智更成熟的大学生都能更真诚、毫不迟疑地表达他们的正当义愤。

除非愤怒、指责、愤慨作为理解同情的补充，结果恐怕是心如止水、对人冷淡、无义愤能力，对真正的能力、技能、优势、美德丧失了鉴别能力。对于专业的存在性认知者来说，这就有可能造成职业危害。如果我们仅凭表面判断一个普遍的印象，那么我们可以说，许多心理医生在处理社会关系时过于中庸、消极、不动声色、不偏不倚、冷静。

**7. 在一定意义上说，对另一个人的存在性认知相当于认为"他"是"完美的"，这一点"他"很容易误解。**众所周知，被人无条件地接受，被人全然地爱着，得到别人完全的认可，能坚定一个人的信念，有利于成长和提高，有治疗和心理的奇效。然而，我们也必须意识到，这种态度也会被误作一种不切实际的要求，即要求他达到不切实际、完美主义的期望目标。一个人越是认为自己无价值、不完美，越会误解"完美"和"认可"这两个词，也会越发觉得这种态度是一种负担。

当然，"完美"一词实际上有两个含义，一个是存在范畴的，另一个是缺失、奋斗和形成范畴的。在存在性认知中，"完美"一词的意思是如实地感知**和**接受这个人的全部。在匮乏性认知中，"完美"意味着必然错误的感知和幻觉。在第一种意义上，每一个活着的人都是完美的；在第二种意义上，没有人是完美的，而且永远无法达到完美。即我们可以把一个人视为存在性完美，但他或许以为我们认为他不完美，当然会因此而不安、自卑、愧疚，就好像他在骗我们。

我们可以合理地推断出一点，一个人越是能存在性认知，他就越能接受和享受别人的存在性认知。我们也许还希望，这层误解可能常常会在完全理解并认可接受另一个人的存在性认知者身上造成微妙的策略问题。

**8. 我不惜笔墨解释的最后一种存在性认知遗留的策略问题，是过分唯美主义。** 对生活的审美反应，常常与现实以及对生活的道德反应之间存在着内在矛盾（形式与内容之间的老矛盾）。将丑描绘成美是一种可能，另一种可能是不恰当地、非审美地描绘真、善，甚至美（我们暂且不说以真善美表现真善美不成问题）。由于这种两难困境是历史上争论不休的一个问题，我这里仅指出，它还涉及较成熟者对较不成熟者的社会责任问题，较不成熟者很可能会混淆存在性接受与匮乏性认可。出于深刻的理解，生动地展现同性恋爱[1]、罪恶或不负责任，可能被曲解为鼓励人去效仿。对处于一群战战兢兢、容易被误导的人中的存在性认知者来说，这又是一个要额外担负的责任。

## 经验主义的发现

在我的自我实现研究对象身上，存在性认知与匮乏性认知之间到底存在一种什么关系（97）？他们是如何将静观与行动联系起来的？尽管当时我没有以这种形式想到这些问题，但我能回顾以

---

[1] 马斯洛是首个承认一个人的见解取决于文化环境，外人比本人更容易发现盲点的心理学家。本节这段话最初写于1959年。

下一些印象。首先，一如前文所述，这些自我实现研究对象的存在性认知、完全静观和理解能力要比普通人强得多。由于大家都能偶尔存在性认知、完全静观和经历高峰体验，因此这似乎又是一个程度问题。其次，他们同样更能付诸有效行动，进行匮乏性认知。必须承认的是，这可能是在美国挑选研究对象的附带现象，甚至可以说它是挑选研究对象的人是一名美国人这一事实的副产品。总之我要说，在我的研究对象中，我没有遇到过佛教僧侣式的人。再次，在我的印象中，绝大多数的完人在大量的时间里，过着我们所谓的普通人的生活，购物、吃饭、保持优雅、看牙医、思考金钱、为买黑色皮鞋还是棕色皮鞋反复思考、看无聊的电影、读通俗小说。他们可能也会因为被打扰而恼怒，见到别人的罪恶会大惊失色，尽管这种反应不太强烈，或掺杂着同情。高峰体验、存在性认知、完全静观，不论它们出现的相对频率是怎样的，单看绝对数字，即使对自我实现者来说，也是难得的体验。这一点是实际情况，即使成熟的人通过某些其他方式使自己全部或大部分时间生活在一个较高的层次上，比如通过更清楚地区分手段和目的、深层和表面；一般来说更通达、更主动、更善于表达、与自己深爱的人更深切地联系在一起；等等。

因此，这里提出的与其说是一个现时问题，倒不如说是一个终极问题；与其说是一个实际问题，倒不如说是一个理论问题。但这种困境之所以重要，不仅仅是因为理论上努力界定人性的可能性和限度。由于这种困境也是真正的愧疚、矛盾和我们也许要称为"真实存在精神病理学"的起因，所以我们必须继续与它们，还有与个人问题做斗争。

# 第九章 抵抗被标签化

本章中的内容是为向海因茨·沃纳（Heinz Werner）致敬而作，首次发表于1960年。与第八章致敬的戈尔茨坦一样，沃纳也是"机体"心理学研究方面的杰出人物。

在弗洛伊德的概念体系中，抵抗（resistance）指的是维持压抑。但沙赫特尔（147）业已证明，除了压抑，观念意识即将显现的障碍恐怕另有根源。我们可能会简单地说，孩子的有些意识"在成长过程中被遗忘了"。我们对无意识和前意识的初始认知存在较弱的抵触，而对被禁锢的冲动、欲望或愿望（100）存在更强的抵触，我也曾经试图对这两者做出区分。这些新研究和其他研究表明，"抵抗"这一概念有望延展到表达"**不论出于什么**动机，为达到自知遇到的困难"（体质上的无能力除外，比如，智力缺陷、明显的退化、性别差异，甚至谢尔登式的体质决定因素）。

这里的主题是，在治疗情境中，"抵抗"的另一个根源可能是病人对标签化或随意分类的正常反感，因为标签化使他丧失个体性、唯一性、有别于他人的特殊性以及特有的个性。

我以前（97，第四章）把标签化描述为拙劣的认知，实际上它是一种**非**认知的形式。一个快速、简单的分类，使得仔细、具体的观察或思考的努力变得毫无必要。正确地了解一个人比将他归为某一类难，至于后者，只要了解一个表明他属于哪一类的抽象特征就行了，比如说，婴儿、侍者、瑞典人、精神分裂症患者、女性、将军、护士，等等。标签化强调的是这个人归属的门类，他是门类中的一个例子，**非**个人本身，与其说是差异，倒不如说是相似性。

本书中已注意到一个重要的事实，即被标签化的人普遍反感实行标签化的人，因为这种做法否认了他的个体性，无视他的人格以及他有别于他人的独特个性。威廉·詹姆斯1902年的著名表述清楚地说明了这一点：

"智力对待一个客体，首先是将它与其他客体归为一类。不过，任何一个对我们有着非凡意义、能唤醒我们热情的客体，也是独特、唯一的。螃蟹要是能听到我们干脆利落、毫无歉意地将它归为甲壳类，就这样了之，恐怕会和人一样义愤填膺。'我不是这种东西，'它会说，'我是我自己，仅仅是我自己。'"（70a，p10）

最近的一项研究便是遭标签化后引发怨恨的一个明证。一位作者研究了墨西哥人和美国人对男性与女性的概念（105）。[1]许多美国女性刚到墨西哥时，发现身为女性备受男性尊重，所到之处

---

1 这里和下文是20世纪50年代的观察。

常常引起一片口哨声和惊叹,并受到各个年龄段的男人们的热切追求,认为她们漂亮、珍贵,她们对此不禁欣喜万分。对许多常常纠结自己女性身份的美国妇女来说,这是一种让人满意和欣慰的体验,使她们更像女人,更乐于享受女性身份,结果使她们**更像**女人了。

但是,随着时间的推移,她们(至少一部分人)却高兴不起来了。她们发现,**任何**女性对墨西哥男人来说都是宝贵的,没有老幼、美丑、聪明和愚蠢之分。她们还发现,与美国的年轻男性相比(用一位女孩的话说,"当我拒绝跟他一起出去时,他会非常受伤,以致不得不去看心理医生"),墨西哥男人对拒绝毫不在意,**太过**若无其事。他们好像不在乎被拒绝,转身便去追求另一个女人。不过,这意味着,一个特定的女人,她自身,作为一个人,对他来说没有特别的价值。他所有的殷勤是献给**女人的**,不是献给**她的**,这表明女人都一样好,她可以被别的女人所取代。她发现**自己**并不重要,重要的是"女人"这个类别。最后,她认为自己受到了侮辱而不是恭维,因为她希望别人把她作为一个人,**她自身**来尊重,而不是因为她的性别。当然,"女人"比"人"更具有优势,也就是说,它要求优先的满足,但这种满足却使得个人的要求在动机系统中占据突出地位。尊重她们作为人的一面,而不是作为"女人"这个类别,才有可能实现天长地久的爱、一夫一妻制、女性的自我实现。

青春期的少男少女只要听到"哦,这不过是你要经历的一个阶段,你最终会过去的"这句话,普遍都会腾起怒火,这是遭标签化导致不满的另一个常见例子。那些对孩子来说是悲剧性的、真实、独一无二的事物，是不能被嘲笑的，就算对于其他千百万人来说是已经发生和即将发生的事情。

最后一个例子：一位心理医生用一句话，就草草打发了第一次约见的潜在患者，"你的问题大抵是你这个年龄所特有的"。这位潜在患者听了之后非常生气，事后说觉得被"草草打发"，受到了侮辱。她感觉好像被人家当作一个小毛孩："我**不是**一个标本，我就是**我**，不是任何其他人。"

考虑这些还有助于把我们的抵抗概念扩展到典型的心理分析中。抵抗通常被认为**只是**神经症的一种保护，抵抗变好或抵抗感知令人不快的真相，因此抵抗往往被看成是不受欢迎、需要克服和分解、除掉而后快的东西。不过，在上文列举的例子中，我们认为的病态有时候**或许**是健康的，或者至少不是病。治疗者在他的病人身上感到的困难，是患者拒绝接受某种解释、发怒、反唇相讥、固执己见。就某种意义上而言，无疑都源于拒绝被标签化。因此，像这样的抵抗可以看作对个体唯一性、个性或自我的主张和保护，反对对它们的攻击或忽视。这种反应不仅维护了个体的尊严，还使他免于糟糕的心理治疗、照本宣科式的解释、"胡乱的分析"、过于理性或草率的说明或解释、毫无意义的概括或概念化。对患者来说，这些都意味着缺乏尊重；请参看欧康纳（O'Connell，129）的类似论述。

热望很快治愈患者的心理治疗新手；死记硬背一套概念体系、认为治疗不过是灌输概念、"生搬硬套"的学生；缺乏临床经验的理论家，刚记住费尼切尔（Fenichel）的理论，就对宿舍里的每个人声称自己属于哪个流派的本科生或研究生；这些人都是标签化者，迫使他们的患者不得不保护自己。哪怕是第一次接触，他们都会轻率地发表如下一番论调，"你这是肛门性格""你只是试图控制每一个人""你是想跟我上床"，或是"你非常渴望父亲给你一个孩子"。[1]那么，把这种典型、反对标签化的正当自我保护反应称作"抵抗"，不过是滥用概念的又一个例子。

所幸在那些对治疗患者负责的医生中显露出反对标签化的一些迹象。在开明心理治疗师对分类学的、"克雷丕林型"[2]或"州立病院"精神病学的普遍背离中，你可以看出这一趋势。这些标签化的主要努力，往往是唯一的努力，就是判断下结论，比如将某个人归为某一类。不过，经验证明，这种诊断是出于法律上和管理上的需要，而不是出于治疗的需要。如今甚至在精神病医院，人们都提高了认识，认为不存在教科书式的患者，碰头会上的诊断书越来越长，内容也越来越丰富、复杂，简单地贴标签已经少见。

现在大家都意识到，只要主要目的是心理疏导，就应该将患者当作一个独一无二的人，而不是某一类的一分子。了解一个人不同于将他归类或标签化。了解一个人是治疗的**必要条件**。

---

[1] 当心理医生生病、劳累、心事重重、焦虑、毫无兴趣、不尊重患者、匆忙等时，他们标签化的倾向（不是用具体、个案、以患者为中心的经验语言）通常会变得更强烈，这样的情况连最优秀的心理医生也概莫能免。因而，在心理医生持续的反移情自我分析中，标签化也有作用。

[2] 本文指的是19世纪末与20世纪初著名精神病学家埃米尔·克雷丕林（Emil Kraepelin, 1856—1926），将形形色色的精神病理分门别类，因细致严密地区分躁狂抑郁型精神病和精神分裂症而闻名于世。

## 小结

人普遍反感被标签化或分类，认为这是否认自己的个性（自我）。以他们容易接受的各种方式重新肯定他们的特性，才有望得到他们的回应。在心理治疗中，这些反应应该被同情理解为个体尊严的主张，而在**任何情况**下，这些反应都是某些治疗引起的强烈反击。要么这些自我保护的反应不应该称作"抵抗"（从疾病防护策略意义上说），要么"抵抗"这一概念必须扩展到包括各种认知障碍在内。另外还要指出，这种抵抗是对糟糕的心理治疗极为宝贵的保护机制。[1]

---

1 这篇论文也可以说是为心理医生与患者之间存在的总的沟通问题推波助澜。好的治疗家面临的任务是将他学到的普遍知识运用到具体的案例中去。心理医生娴熟运用、在他看来体验丰富和有意义的概念框架体系，对患者来说却毫无意义。顿悟疗法不仅要揭示、体验和归纳无意识的资料，还要进行一项大工程——将各种充分的意识但没有命名、因此不相关的主观体验纳入一个概念之下，甚至非常简单地说，是为一个不明确的体验命名。真正领悟时，患者或许会有一种"恍然大悟"的体验，比如"老天！我一直都讨厌我妈妈，我一直以为我爱她呢。"不过，他也许不必借助无意识的材料也能领悟，比如，"这就是你说的焦虑！"（指的是发生在胃、喉咙、腿、心上的这样和那样的体验，那些他十分清楚却又不可名状的体验。）这样的思考应该有助于培训心理医生。

# 第十章　自我实现者的创造力

关于自我实现者的创造力，马斯洛曾经在他关于自我实现的早期作品中简略地提到过。本章是1959年2月28日马斯洛在密歇根州立大学所做演讲的修订稿，这是他第一次详细叙述这一问题。在他去世后，纽约维京出版公司于1971年出版了马斯洛的文集《人性能达到的境界》(*The Farther Reaches of Human Nature*, New York: Viking Press, 1971)，该书中的四至七章中收录了他后来对创造性（创造力）的观察结果。

自从我开始研究积极健康、发展成熟和实现自我的人群，我就改变了我对创造力的看法。我不得不第一次放弃我关于心理健康、天赋、才能和创造力含义相同的刻板看法。在我的研究对象中，有相当一部分在我即将论述的某些特殊层面上，可谓健康并富有创造性，但从普通方面来说，他们**并没有**多少创造性可言。他们既没有卓越的才能或天赋，也不是诗人、作曲家、发明家、艺术家或是极富创造力的知识分子。还有一点很明显，一些最伟大的人类天才在心理方面都存在这样那样的问题，比如瓦格纳、凡高或是拜伦。有些天才心理健康，有些则不然，这一点显而易见。我很快就得出一个结论：伟大的天赋或多或少独立于善良或心理健康，而我们对此知之甚少。例如，有证据表明，伟大的音乐才子和数学天才更多是天赋异禀，而非后天习得（150）。看来很清楚，心理健康和特殊的天赋是两个独立的变量，这两者之间可能仅有一点点关联，也可能毫无关联。一开始，我们或许会承认，心理学对天才具有的特殊才能了解得很少。对此我无须多言，在这里我只是谈一谈一种更为广泛的创造性，打一出生，每个人都会承继这种具有普遍性的创造力，它与心理健康为共变关系。

此外，我很快就发现，与大多数其他人一样，我总是以作品来衡量创造性；其次，我下意识地将创造性局限于与人类努力的相关传统领域，下意识地认为，**任何**画家、诗人和作曲家都过着创意生活。理论家、艺术家、科学家、发明家和作家都极富创造力，其他人只能望尘莫及。我还曾下意识地认为创造性是某些专业人员所独有的特质。

但是，通过研究各种不同的研究对象，这些想当然的想法自然无法立足。例如，有一位女性，没受过良好教育，经济条件也不好，还是一位全职家庭主妇，在家看孩子，没做过任何传统意义上具有创新性的事情，但她却是出色的厨师、母亲、妻子和主妇。只花费一点点钱，她总是能把家里收拾得那么漂亮。她是一位完美的女主人。她做的饭菜如宴会般丰盛可口。她在亚麻布料、银器、杯子、陶器和家具方面的品位无可挑剔。在所有这些领域里，她别出心裁，心灵手巧，创造力十足。我**完全可用**创造性一词来形容她。从她和跟她相似的人那里，我了解到一点，一份美味无比的汤比二流的油画更具有创造性。而且，在通常情况下，烹饪、为人父母或是打理一个家都是极富创造性的工作，同时作诗则不尽然，它可能是欠缺创造力的。

我的另一个研究对象则投身于最广义的社会公益服务，她替人包扎伤口，帮助受欺压的人。她不仅独自做这些事，还加入相关组织，因为相比她个人，这些组织能帮助更多的人。

还有一位研究对象是心理医生。他只做临床工作，从不写文章、提出理论或进行研究，却乐于在每天的工作中帮助别人创造他们自己。这位医生认真对待每一位患者，仿佛患者是这世界上的唯一之人；他不说套话，没有预期，不预先假定；他质朴，纯真，却有大智慧，很有几分道家的风范。每一位患者都是独一无二的个体，他们的问题是全新的，需要用全新的方式来理解和解决。即便是复杂的病例，到他手里也能迎刃而解，由此可见，他是以充满创造力的（而非老套或传统的）方式来完成他的工作的。另外一位研究对象让我了解到，创立一个商业机构，也可以是一个具有创造性的活动。从一位年轻的运动员身上，我感受到，一个完美的抱摔动作也可以像十四行诗一样，是富有美感的作品，可以通过同样的创新精神来完成。

从前，我想当然地认为一位出色的大提琴演奏家很有"创造力"（因为我把她和创造性的音乐、创造力十足的作曲家联系在了一起），可事实上她演奏的都是别人谱写的曲子。她只不过是别人的"喉舌"，就跟普通演员和"喜剧演员"是别人的"喉舌"

一样。一个优秀的木匠、园丁或裁缝**可能**具有更为真实的创造性。我必须单独情况单独分析,因为任何角色或是工作都可能有创造性,也可能没有。

换句话说,我现在明白了,"创造性"这个词(还有"审美"这个词)不仅可以用来形容作品,还可以用来表示人们的性格、活动、变化过程和态度。此外,我知道要把"创造性"一词用在很多成果方面,而不应该应用在标准上和传统上的诗歌、理论、小说、实验和绘画方面。

这样一来,我就发现很有必要区分开"特殊才能的创造性"和"自我实现的创造性",后者更多是从人格方面演变而来,在日常生活的事物中更常见,例如,某种幽默感。这种创造性类似于一种倾向,即做**任何**事都具有创造性,例如做家务和教课等。通常而言,自我实现创造力中有一个必不可少的方面,即一种特殊的洞察力,寓言故事中那个看到国王没穿衣服的小孩就是一个例子(这与创造力即成果的概念太过矛盾)。这样的人可以看到新颖、质朴、具体、独特,也可以看到平凡的、抽象的、标签化的、分门别类的、分级的事物。因此,他们处在更加真实的自然世界里,而不是那个用语言描述的充满概念、抽象、空想、信条和成见的世界里,大部分人把这个世界和真实的世界相混淆了(97,第14章)。罗杰斯的用语"经验的开放性"就很好地表达了这一点(145)。

相对来说,我的研究对象们比普通人更加随兴、更富于表达力。他们更"自然",行为方面的控制和禁忌也少一些,他们的行为似乎更轻易和自如,不那么封闭,自我批评也要少。事实证明，这种不受限制、不畏非议地表达思想和冲动的能力是自我实现创造性的关键部分。罗杰斯用"全面发展的人"这样的说法来形容这方面的健康（145）。

我这里要说另一个观察结果：从很多方面来说，自我实现的创造性就像**所有**快乐和无忧无虑的孩子所具有的创造性一样。它是自发的、轻而易举、纯真和简单的，是一种摆脱了陈规和陋习的自由。这种创造性很大程度上由"纯真"的自由感悟、"纯真"且具有不受约束的自发性和超强表达力组成。几乎所有孩子都能比较自由地感知，他们对那里有什么、那里必须有什么或是这里通常有什么没有先验预期。几乎所有孩子都可以创作一首歌、一首诗，编一支舞、画一幅画，发明一种游戏，用不着计划或提前打算，完全是即兴发挥。

正是从这种天真烂漫的层面上来讲，我的研究对象可谓颇具创造性。若要避免误会，毕竟我的研究对象们不是孩子（而是五十岁到六十岁年龄段的人），我们姑且说他们保留有或是重新获得了两个主要方面的童真，即不墨守成规和做到"经验开放性"，而且他们轻易就能做到自然而然，善于表达。如果孩子们是天真烂漫的，那么就正如桑塔亚那（Santayana）所说的那样，我的研究对象们获得了"第二次天真"。他们纯真的感悟和表达能力与成熟的思想结合在一起。

不管怎么样，这一切听起来好像是我们正在讨论人性中内在的一种基本特征。所有人，或者说大部分人，一出生就具有这种潜能，但随着人们逐渐适应了某种文化，这种潜能往往就丢失、埋没或被抑制住了。

在另一个性格特质方面,我的研究对象与常人有所不同,所以才更有可能富有创造力。对未知、神秘和困惑,自我实现者们所怀有的惧怕相对要少,他们往往还会觉得这些很有吸引力,甚至选择性地挑出其中一样苦苦思索,深入思考,从中找到顿悟。在此引用一段我对此的描述(97,p.206):"他们并不忽视未知,不否定,不逃避,不试图假装了解,也不组织、区分或对它分类。他们并不依赖熟悉的事物,也不会出于对确定性、安全性、明确性和顺序的极度需要而去探索寻求真理,正如我们在戈尔茨坦的脑部损伤者或强迫性神经症患者那里所看到的夸张的例子那样。当总体客观情况需要时,他们可以是惬意、混乱、慵懒、反常、无序、模糊、疑惑、不确定、不明确、粗略、不精确或是不准确的(在科学、艺术或一般生活中的特定时刻,所有这一切是完全合乎需要的)。"

"因此催生出了疑虑、迟疑和不确定,随后必定会导致决定的搁置。对大多数人来说,这都是一种折磨,但是对于有些人来说,却是一种愉快且刺激的挑战,是人生的巅峰,而不是低谷。"

我为一个观察困惑很多年,但思绪渐渐明朗。这就是我所描述的自我实现者对于二分法的解决。简而言之,我发现有许多对立和极性,我们应该以不同的眼光去看待,而不是像所有心理学家那样理所当然地视为直线延续体。例如,以困扰过我的第一个二分法为例,我无法确定我的研究对象是自私的还是无私的(观察我们是如何不由自主地陷入只能二选一的境况中。这一种多,另一种就少,这就是我提出这种问题暗含的意思)。但是迫于现实的巨大压力,我不得不放弃这种亚里士多德式的逻辑方式。从某种意义上来说，我的研究对象们很无私，但是从另外一种意义上来说他们却非常自私。这两种情况融为一体，但也并不互相矛盾，而是像一个敏感动态的综合体，与弗洛姆在他有关健康的自私的经典论文中所阐述的观点很像（50）。我的研究对象用这种方式把对立面结合在一起，这让我意识到，认为自私和无私是相互矛盾的，也是互相排斥的，这本身也是人格发展低下的特征。在我的研究对象当中，很多其他分歧最后都归为一个整体，认知本和意欲是相对立的（感性对理性，愿望对事实），最后则变成了由意欲"构成"的认知，正如直觉和理性得出同样的结论那样。义务变成了乐趣，快乐与义务相结合。工作和娱乐之间的差异变得模糊了。当利他主义变成了利己的快乐，利己的享乐主义又怎么会反对利他主义呢？这些非常成熟的人也极富童真。这些人具有最强的自我，是最有个性的个体，同样是这些人，也可以是最易缺乏自我、自我超越和以问题为中心的人（97，pp.232-234）。

这正是最伟大的艺术家所做的事情。他可以将不和谐的色彩、不相符的形式和各种不协调的事物组合成一个整体。伟大的理论家也是如此，他们可以将令人费解和前后矛盾的事拼凑在一起，让我们觉得这些事是那么契合。伟大的政治家、治疗师、哲学家、父母和发明家都是如此。他们都是整合专家，能够将分离的，甚至是相斥的东西整合成整体。

我们在这里说的是整合能力和个人反复整合的能力，及其将所做的所有事都整合在一起的能力。从这个方面来说，创造性具有建设性、合成性、统一性和结合性的特征，在一定程度上取决于人的内在整合能力。

想知道这是怎么一回事,在我看来,大部分原因在于我的研究对象相对而言都很无畏。他们显然较少被某种文化同化;换言之,对别人怎么说,别人的要求,或是别人的嘲笑,他们并不十分害怕。他们对其他人的需要比较小,因此,对其他人的依赖也比较小,进而不太惧怕他人,对别人的敌意也就很少。然而,有一点最为重要,那就是他们不惧怕自己的内心、冲动、情感和想法。相比一般人,他们自我接受的程度更高。这是一种对更深层次自我的认可和接纳,因此,他们更有可能勇敢地认知这个世界的真实本质,也会让他们的行为更具有自发性(控制、抑制、计划、意图和设计都会更少一些)。他们不担心自己的想法,即便这些想法会有些可笑、愚蠢或者疯狂。他们不害怕被他人嘲笑或是遭人否定。他们可以让感情自然流露。相比之下,普通人和神经病患者在内心筑起围墙,挡住恐惧,将很多恐惧隐藏在内心深处。他们控制、约束、抑制和压制自己。他们更深层次地不认可自我,同时希望别人也这么做。

实际上,我要说,我的研究对象的创造力似乎就是他们更大整体和整合的附属品,这就是自我接受包含的意思。在普通人的内心里,内在深度的各种力量和防御控制的各种力量之间的内战,在我的研究对象那里看起来得到了解决,因此,他们很少会分裂。结果,他们更多的自身力量可以拿来使用、享受和创造。如此一来,他们很少耗费时间和精力自我对抗。

正如我们在前几章了解到的那样,我们关于高峰体验的认识支持并充实了这些结论。这些也是完整的整合体验,在一定程度上,这些体验与感知世界里的整合同构。也是通过这些体验,我们发现经验的开放性增强了，自发性和表现力也增强了。而且，因为人内心中的这种整合性的一个方面在于承认我们更深层的自我及其更大的价值，这些创造性的深层根系（84）就会变得更多，可以为我们所用。

## 初级、次级和整合的创造性

传统的弗洛伊德理论对我们的目的来说没有多大作用，甚至在一定程度上与我们的临床资料相左。从根本上说，弗洛伊德的传统理论是（或者说曾经是）本我心理学，是对本能冲动及其变化的研究，而且，人们认为，弗洛伊德的基本辩证逻辑说到底与冲动和抑制冲动有关。但是，相比为了理解创造力来源（以及娱乐、爱、热情、幽默、想象力、幻想）而去压抑冲动，有一点至关重要，那就是所谓的初级过程。在此过程中，认知才是根本，意欲不是。只有将注意力转向人类深层心理学的这个方面，我们才能发现，在自我心理学的精神分析【克里斯（84）、米勒（113）、艾伦茨威格（39）、荣格心理学（74）】和美国自我成长心理学之间，存在很多一致之处（118）。

对于普通、有常识、适应良好的人所做出的正常调整，都意味着在很大程度上成功且持续排斥人性深度，包括意欲和认知。要想良好地适应真实世界，就意味着人格的分裂。也就是说，人要违背他们自己的很多初衷，因为这很危险。但现在已经很清楚了，如果这样做，人们就会失去很多，因为这些人性深度也是所有欢乐的源泉，也是娱乐、爱、大笑这些能力的源泉。有一点对我们来说最重要，那就是有了人性深度，才有创造性。为了保护自己而去反对自我内部的地狱，结果也把自己与自我内部的天堂割裂开来。在极端情况下，我们就会变成强迫自我的人，了无生气、严格、死板、冷酷、克制、谨慎，不会笑，不会玩，不会爱，不会傻里傻气，不相信别人，也不能孩子气。想象力、直觉、温柔、情感往往都会被扼杀或被扭曲。

作为一种治疗方法，归根究底，精神分析的目的在于整合。所谓整合，就是通过顿悟来治愈基本的分裂，以便使曾经被抑制的东西变成意识或前意识。但是，我们可以将其作为研究创造性深度来源的结果，进行再次调整。我们与初级过程的关系，我们与不获接纳的愿望的关系，这二者不尽相同。我能看到的最主要区别就是，我们的初级过程并不像遭到禁止的冲动那样危险。在很大程度上，初级过程并未受到抑制或是限制，只是被"遗忘"，或是被放弃，被压抑住（而非被压制住），因为我们不得不调整以适应严酷的现实，而这个现实要求有目的的和实用主义的努力，而不是空想，搞什么诗情画意，只顾着玩。或者可以这么说，在一个富裕的社会里，对于初级思想过程的抵制肯定要少得多。众所周知，教育过程对于缓解本性的压抑没什么作用，但在接受和整合初级过程，将其变为意识和前意识的方面可以起很大作用。从原则上来说，艺术、诗歌、舞蹈方面的教育在这个方向是大有可为的。动力心理学方面的教育同样也大有可为，例如，多伊彻和墨菲的"临床访谈"使用的就是初级过程语言（38），可以将其视为一种诗歌。马里恩·米尔纳的佳作《论无法绘画》也是对我的观点的完美支持（113）。

要想了解我现在一直讲的这种创造力，即兴创作是最好的例子，如爵士音乐或儿童画，而不是由那种被认定为"伟大"的艺术品证明的。

首先，伟大的作品需要伟大的才能，正如我们所看到的，事实证明，这一点与我们所关切的并无关联。其次，伟大的作品不仅需要亮点、灵感和高峰体验，它还需要刻苦努力、长期的训练、无情的批评和力求完美的标准。换言之，自然的反应之后就是深思熟虑；全盘接受之后就是批评；直觉之后就是严谨的思想；胆大之后就是谨慎；幻想和想象之后就是现实的考验。现在我们来问一些问题："这是真的吗？""这能被其他人理解吗？""它的结构严谨吗？""它能经得住逻辑的考验吗？""在现实社会中又会怎么样？""我能证明它吗？"这样一来，比较、辨别、评估、冷漠、事后聪明、选择、拒绝就会接踵而至。

也许我可以这么说，现在次级过程代替了初级过程，井然有序的阿波罗神替代了非理性的酒神，"阳刚"替代了"阴柔"。迈向深度的自发回归现在已经终止，灵感或高峰体验的必要被动性和感受性现在必须让位于行动、控制和努力奋斗。在一个人的身上，高峰体验是偶然发生的，可遇不可求的，但人可以**创作**出伟大的作品。

严格来讲，我只研究过第一阶段，这个阶段很容易、不费力地成为整合之后的人的自发表达，或是人内心中的短暂统一。只有当一个人的深度能为其所用，只有一个人对自己的初级思想过程丝毫不惧怕，才能达到这个阶段。

我将从初级过程发展而来，对初级过程的利用要大大超过次级过程的创造力称为"初级创造力"；对于主要基于次级思想过程的创造力，我就称为"次级创造力"。后者涵盖了世界生产成果的很大比例，有桥梁、房屋、新型汽车，甚至还包括很多科学实验和文学作品。从根本上来说，所有这些都是对其他人思想的巩固和发展。两种创造力之间的差异，类似于突击队和后方宪兵队之间的差别、拓荒者和定居者之间的差别。那种以良好融合或良好演替的方式轻松完美地运用了两种过程的创造力，我就称为"整合创造力"。正是这种创造力衍生出了伟大的艺术、哲学和科学作品。

## 结论

在我看来，所有这些发展结果都可以概括为在关于创造性的理论上日益强调整合（或自我一致性、统一性和整体性）的作用。将分歧转化为一个更高级的、包容性更强的统一体，相当于治愈了一个人的分裂，使其更加统一。因为我一直提及的分歧存在于人的内心之中，所以就等于有一种内心的斗争，即一个人的一部分与另一部分进行的系列对抗。在任何情况下，就自我实现的创造性而言，其似乎是更直接地来自初级和次级过程的融合，而不是通过禁止冲动和愿望，实现压抑的控制来实现。当然，由于害怕这些被禁止的冲动而产生的防御，也可能把初级过程压低到有关**所有**深度的斗争中，这种斗争是全面的、不加以区别的,且令人恐慌。但是,这种缺乏区别的情况看来并不属于原则上的需要。

总而言之,自我实现的创造性首先强调的是人格,而不是成就,毕竟这些成就只是人格产生的附带现象,所以对于人格来说是第二位的。自我实现的创造性强调的是性格特质,比如大胆、勇敢、自由、自发性、明晰、整合和自我接受,所有这些特质使得自我实现的广义创造性变为可能,表现为创造性的生活、态度和人。我还要强调的是自我实现创造性的表达力或本性这些特质,而不是解决问题和制造产品的特性。自我实现的创造性是呈现"扩散形态",向外辐射,会影响到生活的各个方面,与问题无关,正如一个快乐的人会没有目的、没有计划,甚至无意识地将快乐"扩散"。这样的扩散正如阳光普照大地,将温暖传播到每一个角落,能使万物生长(能够成长的东西),如果照射在石头和其他无法生长的物体上,只能算是浪费。

最后,我相当清醒地认识到,我一直致力于打破那种得到广泛承认的创造力概念,却没能提供另外一个很好的、定义清楚的、精确鲜明的新概念。很难给自我实现的创造性下一个定义,因为有时它似乎等同于心理健康,莫斯塔克斯(Moustakas)就曾提出过这样的观点(118)。归根究底,自我实现或心理健康肯定会被定义为实现最完全的人性,或是人的"本性"。如此说来,好像自我实现的创造力几乎等同于基本人性,或是基本人性的一个要素,又或是本质特征。

# 第十一章 心理学数据和人的价值

本章是在"人类价值新认知"研讨会上（1957年10月4日在麻省理工学院举行）所做演讲的修订扩充版。编者序中对马斯洛的价值理论的概念结构进行了详细探究。也可参见马斯洛在1963年发表的论文《事实与价值的融合》（*Fusion of Facts and Values, American Journal of Psychoanalysis*, 1963, 23, pp. 117-131），后来这篇论文又作为《人性能达到的境界》一书的第八章再版。

几千年来，人本主义者总是力求构建一种自然主义的心理价值体系。这种价值体系来源于人的本性，而不必依赖人自身之外的权威。历史上这样的理论汗牛充栋。但应用到公众身上，正如所有其他理论一样，这些理论都归于失败，如今，世界上的恶棍与神经病患者和以往一样多。

这些理论都不够充分，大部分依靠的是这样或那样的心理假设。如今，根据近期获取的知识，所有这些理论实际上都能被证明是错误的，阐释不够充分或不够完整，或者存在其他的缺陷。但是，我相信，在最近的几十年里，心理学在科学和艺术上获得了一定的发展，使得我们有可能首次树立信心，通过努力研究，这个古老的愿望就有可能得到实现。我们知道如何去批判那些旧理论，甚至隐隐约约地知道新理论的形态。最重要的是，我们知道从哪里或通过什么来填补知识上的空缺，从而使我们能够解答这些古老的问题："什么是好的生活？什么是好的人？如何教育才能使人希望和选择过好的生活？应当对儿童进行怎样的培养，才能使他健康成长？等等。"也就是说，我们认为，构建科学的伦理观或许是办得到的，而且我们认为我们知道如何去构建它。

下面这一节将简要探讨几条有希望的证据和研究路线，以及这些路线和过去、未来的价值理论的相关性，还将探讨不久的将来我们在理论和现实中一定会取得的进展。这些研究路线不一定能实现，只能说或多或少有可能实现，这样讲比较稳妥。

### 自由选择实验：内环境稳定

数以百计的实验证明，如果有足够的选择余地，能够自由做出选择，所有种类的动物普遍具有一种天生的能够选择有益的食物的能力。即便在不那么正常的条件下，这种身体的智慧也常常能够保留下来。举例来说，肾上腺被切除的动物，能够重新调整自主选择的食物，来维持自己的生命。怀崽的母兽会很好地调整自己的食物，来适应胎儿的成长需要。

如今，我们知道，这种智慧绝对谈不上完美的智慧。仅凭胃口是不够的。试想身体对维生素的需要就能明白这一点。低等动物比高等动物和人能更有效地避开毒物，保护自己。先前形成的选择习惯可能会完全掩盖住当前的代谢需要（185）。最重要的是，在人类身上，尤其是神经病患者身上，各种各样的力量会侵害身体的这种智慧，尽管它们似乎没有完全丧失。

这个普遍原理不仅适用于对食物的选择上，对身体的各种其他需要也适用。著名的内环境稳定实验已经证明了这一点（27）。

与二十五年前我们的思考相比，这一点更加明确：一切有机体更能进行自我管理和自我调节，更具有自主性。有机体应当获得极大的信任，我们逐渐懂得相信婴儿的内在智慧，包括选择食物、断奶时间、睡眠量、如厕训练的时间、活动需要和许多其他事情。

然而，最近我们已经逐渐了解到，选择者有好有坏，特别是身体或精神患病的人使我们认识到这一点。我们已经发现，选择行为背后隐藏着许多原因，尤其是从精神分析学家那里得知这一点，我们由此学会尊重这些原因。

在这方面，我们有一个令人吃惊的实验（38b），这个实验孕育着价值理论的含义。如果小鸡被允许广泛选择食物，可以看出它们挑选对自身有益的食物的能力有很大不同。好的选择者会长得又大又强壮，比差的选择者来说更占优势，也就是说，好的选择者获得了最好的东西。如果将好的选择者挑选出来的食物向差的选择者强行推广，实验者会发现差的选择者也会长得更强壮、更大、更健康、更占优势，尽管永远不能达到好的选择者的水平。换言之，好的选择者比差的选择者更懂得选择适合后者的食物。如果正如我设想的(辅助性的临床数据大量存在),在人类身上能够得到类似的实验数据,那么肯定就能大量重建各种理论了。就人的价值理论来说,仅仅对未经选择的人做出的选择进行统计描述,这样的理论是不够完善的。将好的选择者和差的选择者、健康人和病人的选择进行平均是没用的。只有健康人的选择、品位和判断才能告诉我们,从长远来看,什么对人类有好处。神经病患者的选择,多半告诉我们,什么对于保持神经官能症的稳定有好处。脑损伤患者的选择,只能有助于防止灾难性崩溃。一个肾上腺被切除的动物的选择,可以使它免于一死,但同样的选择可能会杀死一个健康的动物。

我认为,大部分享乐主义者的价值理论和伦理理论正是在这一点上触了礁。病理激发的快乐和健康激发的快乐不能被平均。

此外,任何伦理准则都不得不面对体质差异的事实,不仅小鸡和小白鼠如此,人类也同样如此,正如谢尔登(153)和莫里斯(Morris,116)所证实的那样。有些价值观为人类(健康的)共有,而有些价值观则**不然**,只有某类人或者特殊个体才具有。我所说的基本需要,可能是所有人共有的,因而是共同价值观。但是,特殊需要产生的则是特殊价值观。

体质差异使个体产生各种有关自我、文化和世界的偏好,即产生价值观。这些研究发现和临床医生在个体差异方面的普遍经验相互支持。这一点也符合人种学数据的描述。人种学数据假定,由于受到剥削、抑制、认可或非难,每一种文化从人的体质发展潜力中只选择一小段,旨在寻找文化多样性的意义。这也完全符合生物学数据和理论以及自我实现理论的观点,这些观点表明，器官系统迫切希望表现自己，简言之，就是发挥作用。肌肉发达的人喜欢使用肌肉，的确，要想完成自我实现，**必须**使用肌肉，这样才能在主观上感受到和谐地、无拘束地和令人满足地发挥作用，而这是心理健康很重要的一个方面。聪明的人应当施展自己的聪明才智，有眼睛的人应当使用自己的眼睛，有能力去爱的人有去爱的**冲动**和**需要**，这样才能感到健康。能力呼吁被使用，只有将它们充分利用，才能使这种呼吁消停下来。也就是说，能力就是需要，因而也是内在价值。在这个意义上，能力不同，价值观也会存在差异。

## 基本需要及其层次排序

作为内在构建的一部分，人类不仅有生理需要，还真真切切地存在心理需要，这一点现已得到充分证实。这些需要可以被看作是一种匮乏性需要，必须由环境来给予很好的满足，这样才能避免身体或精神患上疾病。它们可以被称作基本需要或生物性需要，就好比人对盐、钙或维生素D的需要一样，因为：

1. 需要被剥夺的人，持续渴望这些需要得到满足。
2. 对这些需要的剥夺，使人患病或衰弱。
3. 满足需要就能起到治疗作用，医治匮乏性疾病。
4. 不断满足需要能使人预防这些疾病。
5. 健康（需要得到满足）的人不会表现出这些匮乏性需要。

但是，这些需要或价值按照强度和优先次序，以分层的和发展的方式相互联系。举例来说，安全需要比爱的需要更具有优势、更强烈、更迫切，也更重要，而对食物的需要通常比对安全和爱的需要都要强烈。此外，**所有**这些基本需要的满足都可以被看作是完成总的自我实现的各个步骤，都可被纳入自我实现的过程中。

将这些事实纳入考虑，可以解决数百年来哲学家们苦苦求索却徒劳而终的价值问题。例如，人类**看似**只有一个单一的终极价值，一个所有人都为之努力的遥远目标。在不同的作者那里，它的叫法各异，包括自我实现、自我完成、整合、心理健康、个性化、自主性、创造性或生产力。但是，所有这些作者都同意，这个目标就是实现人的潜能，换言之，使人实现完满人性，成为他**可能**成为的一切。

但事实上，人们自己并不了解这一点。作为心理学家的我们通过观察和研究创造了这个概念，用来整合和解释各种各样的数据。对个体自身而言，他**只知道**自己极度渴望爱，认为自己一旦得到爱，就会永远感到快乐和满足。他事先并不知道，这个需要得到满足**后**，他还会继续追求别的目标，一个基本需要得到满足后，另一个"更高层次的"需要就会支配着人的意识。对他来说，**绝对**价值和终极价值等同于生命本身，只不过是在特定时期内占支配地位的任何一个需要，这个需要处在人的需要层次中。因此，这些基本需要或基本价值**既可以**被当作目的，**又可以**被当作实现一个单一终极目标的步骤。诚然，我们只有一个单一的终极价值或人生目的，但我们同时又有一个分层的、发展的价值观体系，这个体系中的各种价值观形成错综复杂的联系，这一点也是事实。

需要层次理论也有助于解决存在（Being）和形成（Becoming）之间的明显的对立矛盾。的确，人在永恒地追求终极人性，但不管怎样，这个目标本身也是一种不同的形成和成长（growing）。我们仿佛注定永远都在力求达到这种状态，却永远也达不到。值得庆幸的是，我们知道事实并非如此，或者至少不仅仅是如此。这里面综合了另一个事实。好的形成使我们一次又一次地获得回报，也就是获得了高峰体验，即绝对存在的短暂状态。基本需要的满足给我们带来许多高峰体验，每一次的高峰体验本身就是一种绝对的愉悦和完美，不再需要自身以外的东西来证明自己的人生。可以说，这反驳了这样一种想法，这种想法认为，在人生道路终点之外的某个地方，有一个天堂。也就是说，我们在日常生活中奋勇向前时，天堂在前方等着我们，迎接我们跨入并享受它。一旦跨进天堂，我们就永远会记得它，而我们依赖这种记忆，在遭受压力时靠它来支撑。

不仅如此，在绝对意义上说，每时每刻的成长会产生内在奖励和内在乐趣。即便不是高山式的高峰体验，至少它们也是丘陵式的体验，是绝对的微光，是自我证实的欣喜，是存在的细微瞬间。存在和形成**不是**互相对立或相互排斥的。路径和抵达相互利益。

在这里，我应该讲清楚，我打算对向前（成长和超越）的天堂同向后（退行）的天堂做出区分。"高级涅槃"完全不同于"低级涅槃"[1]，虽然许多诊疗家习惯上把二者混淆起来（见170）。

---

[1] 涅槃是一个梵语词汇，最早的意思是灭亡，油灯或蜡烛的火焰熄灭。在佛教中，涅槃是意识的最高形态，欲望消亡、幻觉破灭后，尤其是个体自我的幻觉破灭后，会产生一种超然的自由状态。马斯洛在这里使用这个词不是指它的佛教意义，而仅仅是作为"高峰体验"的代名词来使用。

## 自我实现：成长

我在其他地方已发表过一篇调查报告，文中汇集了所有证据，正是这些证据促使我们发展了健康成长以及自我实现倾向的概念（97）。这篇调查报告使用的主要是演绎性论证，换言之，除非我们假设这样一个概念，否则许多人类的行为就会丧失意义。这建立在科学原理之上，和我们发现一颗业已存在但尚未被人见过的行星一样，**正因为**它存在，所以许多观察数据才变得有意义。

还有一些直接的临床数据和人格证据，以及日益增多的测试数据来支持这个观念（见书后的参考文献）。现在，我们可以坚定地断言，我们至少已经举出一个合理的、理论的、实证的案例，证明在人的内部存在着一种朝着某个方向成长的趋势或需要，这个方向通常可以被概括为自我实现或心理健康。或者，也可以把它具体概述为，向自我实现的各个方面和所有子方面成长，也就是说，个体有一种内在压力，指向人格的统一和自发表现，指向完全的个别化和特性，指向真理的探索而不是无知，指向具有创造力、变得更好的方向，等等。也就是说，按照这种结构来构建主体，使他变得越来越完善，成为完满的存在，而这也就意味着，他坚持朝着被大多数人称作美好价值的方向前进，朝着安详、仁慈、英勇、正直、热爱、无私、善良的方向前进。

在要求和不要求之间分出界限，是一个棘手的问题。就我的研究而言，可以说，大体上可以在"成功的"成人身上进行这种划分。关于失败者或掉队者的资料，我掌握得很少。从奥林匹克运动会的获奖者那里得出的推论，完全能够得到认可。从原则上说，我们可以推断出人究竟能跑多快、跳多高、举多重，也可以推断出任何新生儿的能力。但是，这些实际的可能性，并未告诉我们任何有关统计资料、概率和可能性的东西。正如比勒公正地强调过的那样，对于自我实现者来说，情况同样如此。

而且，我们应小心翼翼地指出，朝着完满人性和健康成长的倾向并不是在人身上发现的**唯一**倾向。正如我们在第四章中已经看到的，在同一个人的身上，我们也可以发现遗憾、恐惧、防御和退化的倾向，等等。

然而，尽管他们在数量上很少，从这些高度进化的、最为成熟的、心理最健康的个体的直接研究中，从普通个体短暂自我实现的高峰体验的研究中，我们却能够得知大量有关价值的知识。这是因为通过实证和理论的方法能证明他们是最完满的人。例如，他们是保留和发展了人的能力的人，尤其是保留和发展了那些能够把人和猿猴区分开来的能力，我们就是用这些能力来给人下定义【这符合哈特曼（Hartman）对同类问题所持的价值论方法，他把好人定义为比"人"的概念有更多特性的人】。从发展的观点来看，这些个体是发展更完善的人，他们没有停留在不成熟、不完善的成长水平上。和分类学家选择蝴蝶的类型样本或医生选择身体最健康的年轻人相比，我的这种做法并没有诉诸神秘主义、先验或问询。他们也和我一样，寻找"完善的、成熟的、出色的样品"作为样本。从原则上说，一种程序和其他事物一样，是可以重复的。

完满人性不仅可定义为"人类"概念释义的满足度，例如，物种的标准，而且它还可以有一个描述性的、分类的、可以衡量的心理学定义。从一些研究开端和数不胜数的临床经验中，我们目前已经具有了充分进化的、发育良好的人的特征的某种概念。这些特征不仅可以被中立地描述，而且在主观上它们也令人满意、快乐和充实。

在健康人的样本中，可以被客观地描述和衡量的特征有：

1. 更清楚、更有效地认识现实；
2. 更能接受经验；
3. 增强了人的整合、完整性和统一性；
4. 增强了自发性、表现力；自我实现；富有活力；
5. 真实自我；牢固的个性；独立自主，独特性；
6. 增强了客观性，超然，自我超越；
7. 创造性的恢复；
8. 融合具体和抽象的能力；
9. 民主的性格结构；
10. 爱的能力等。

尽管所有这些特征都有待研究和探索，但这些研究显然切实可行。

此外，还有对自我实现和臻于自我实现的主观肯定和强化，即生活中的兴致、幸福或欣快感、宁静感、快乐感、平静感、责任感，对自己处理压力、焦虑、问题的能力的信任感等。自我背叛，固着，退行，出于畏惧而不是出于成长生活等诸如此类的主观表征，如焦虑、绝望、厌烦、没有欣赏能力、内在的罪恶感、内在的羞愧感、盲目性、空虚感、缺乏同一性等感受。

这些主观反应也可以接受或允许研究探索。我们具有可供研究这些问题之用的临床技术。

我断言，能够作为自然的价值体系来进行描述性研究的正是自我实现者的自由选择（在那些情境中，真实的选择可能来自多种可能性）。这和观察者的希望绝对无关，换句话说，它是"严谨的"。我不是说"他应该选此或彼"。而只是说，"**观察**被允许自由选择的健康人选的是此还是彼"。这就好像问："最好的人的价值**是什么**？"而不是："他们的价值**应该**是什么？"抑或是："他们**应该**成为什么样的人？"（请把这种看法与亚里士多德的信念"正是那些对好人有价值、令人愉快的东西才是最有价值、最令人愉快的东西"比较一下。）

此外，我认为，这些发现能被推广到大多数人身上，因为在我看来（以及在其他人看来），好像大多数人（也许所有人）都倾向于自我实现（这一点在心理治疗，尤其在暴露治疗实践中最明显）。而且，至少在原则上，好像大多数人都**能**自我实现。

如果形形色色的宗教文化都可**被看作**是人类强烈愿望的表达，这就是说，如果人们想当什么就当什么，则在这一点上，我们也可以看到这种断言的确证，即所有人都向往自我实现，或者说，都趋向于自我实现。就是如此，因为我们描述的自我实现者们的实际特征，在很多方面与宗教规劝的理想相似，例如，自我的超越性，真、善、美的融合，助人、智慧、诚实和自然，超越自私和个人动机，摒弃"较低层次"的欲望代之以"更高层次"的愿望，增进友谊和友善，轻而易举地区分目的（宁静、平静、和平)和手段(金钱、权力、地位),减少敌意、残酷和破坏性行为(然而果断、正当理由的生气和愤怒、自我肯定等可能会很大程度上得到**增强**)。

1. 从所有这些自由选择实验中,从动机理论的动态发展中,从心理治疗的诊查中,我们得出一个极具革命性的结论,即我们深蕴内心的需要本身**并不**危险、邪恶或有害。这打开了解决人的内在分歧的前景,即解决阿波罗神和狄奥尼索斯神、经典和浪漫、科学和诗意之间,及理性和冲动、工作和玩乐、使用言语和尚未学会说话、成熟和幼稚、男性和女性、成长和退行之间分歧的前景。

2. 在人性哲学范围内,现在与这种变化并行的主要社会情况,是一种迅速增长的趋势:把文化视为满足、阻挠或者控制需要的工具。现在,我们可以丢弃这些几乎是普遍性的错误,即个人和社会的利益**需要**相互排斥和对立,或者认为文明是控制、监管人类本能冲动的主要机制(93)。所有这些古老的观念,都被这种新发现的可能性扫除了。这种可能性即把健康的文化的主要功能定义为促进普遍的自我实现。

3. 在体验时的主观欢乐,体验的冲动,或希望体验和对这种体验(从长远来看,这对他有好处)的"基本需要"之间,只有在健康人身上才有良好的相关性。只有这类人才一致地向往对自己和他人有益的东西,这样才能全身心地享受它,认可它。对这类人而言,从自身感到愉快的意义来说,美德本身就是报偿。他们往往自发地做正确的事,因为那是他们**想要**做的,他们**必须**做的,他们喜爱做的,他们赞成做的,他们愿意继续享受下去。

在人患了心理疾病的同时，破裂成分离和冲突的正是这个统一体，这个正相关性的网络。那么，这个患病的人要做的事可能会对他自身不利；即使他想做，他也不享受它；即使享受它，同时也不赞成它。因此喜爱本身可能有毒，或可能快速消失。人最初喜爱的东西，可能后来就不再喜爱它。然后，他的冲动、欲望以及享受就变得对生活很少有指导意义了。相应地，他必定怀疑和害怕把他引入歧途的冲动和享受。因此他陷入冲突、分裂、优柔寡断之中。简而言之，他陷入了内部冲突状态。

就哲学的理论而言，这个发现解决了许多历史上进退两难的困境和矛盾，享乐主义的理论**的确**对健康人奏效，对病人却**不起作用**。真、善、美，**的确**和某些东西相互关联，但是，只有在健康人身上，它们才紧密相连。

4. 自我实现是在少数人身上相对地实现预期结果的"事态"。可对大多数人而言，自我实现的确只是希望、向往和本能需要。然而，尚未达到预期目的的"某种东西"，在临床上显示为向着健康、整合、成长的本能需要。投射测验也能检测到作为潜能而不是外表行为的这种倾向，就好比X光能够检测到在外部表现显现前的早期病理一样。

对于我们来说，这意味着某人现在是什么和他将来**可能**是什么，对心理学家同时存在，从而解决了存在和形成之间的二分法。潜能不仅仅"**将来是**"或者"**可能是**"，而且它们现在就存在。自我实现的价值作为目标存在着，尽管还没有实现，也是真实的。人既是现在状态的人，同时又是未来渴望成为的人。

## 成长和环境

人在自己的本性中展现了向着越来越完善的存在、越来越完美地实现其人性的压力。这一点与下列事例有着同样精确的自然和科学意义。可以说一粒橡子"渴求"成为一棵橡树，或者可以观察到一只老虎正在向老虎的样子"推进"，一匹小马也正朝着马前进。人根本不是被浇铸或塑造或教育成人的。环境的作用最终是允许或帮助他实现**自我潜能，而非**实现环境自身的潜能。环境并不赋予人潜能或能力；人的潜能存在于早期的或胚胎的形式中，正如他拥有完全的胚胎形式的手臂和腿一样。创造性、自发性、自我、真实性、关心他人、爱的能力、渴求真理等都是胚胎一样的潜能，属于人的物种资格，正如人的手臂、腿、脑、眼睛一样。

这一点与已收集的资料并不矛盾。资料充分说明生活在家庭和文化中，是**实现**这些明确为人性的心理潜能的必不可少的条件。我们应避免这种混乱。一名教师、一种文化不能创造一个人。不能把爱的能力、求知欲、哲理性思维或推理、象征化、创造性等灌输到一个人的体内，而是允许、促进、激励、帮助尚处于雏形的存在变成真实实际的存在。同一位母亲或同一种文化，以完全相同的方式对待一只小猫或小狗，不可能使其成为人。文化是阳光、食物和水，但它不是种子。

## 本能论

从事自我实现、自我、真正人性等研究工作的思想家有力地证实了他们的案例：人有实现自己潜能的倾向。通过暗示，人告诫自己要对本性真实，要信任自己，要真诚、自发、诚实地表达，要在自己深刻的内在本性中寻找行为的本源。

当然，这只是一种理想的**建议**。他们并未充分地发出警告，大多数成人不知道如何保持真实，如果他们"表达"自己，那么他们可能不仅给自己，而且也可能给别人带来重大灾难。强奸犯和施虐狂询问："为什么我就不该信任和表达我自己呢？"我们应该如何作答呢？

作为一个群体，这些思想家疏忽了几个方面。他们没弄明白就**表明**，如果举止不做作，就算表现良好；如果是发自内心的活动，就将会是有益的和正确的行为。这非常明确地表明，这个内核，这个真实的自我是有益的，值得信赖的，合乎伦理规范的。这个断言与人有实现自己潜能的倾向的断言显然可以分开，且需要分开证明（依我看，这必须如此）。此外，作为一个群体，这些作者很明显地回避了一个关键性的关于内核的陈述，即在一定程度上它**必定**是遗传而来的，或者他们对此问题模棱两可，并不像谈任何其他东西那样详细。

简而言之，我们必须放弃本能论——我更喜欢叫它"基本需要理论"，放弃对原始的、内在的，在某种程度上由遗传决定的需要、冲动、愿望的研究，我可以说，和人的价值的研究。我们不能**同时**玩生物学和社会学的把戏。我们不能既断言文化创造了一切，又断言人有遗传的天性。二者互不相容。

在本能方面的所有问题中，一个我们了解得最少，而又应该了解得最多的是有关侵犯、敌意、憎恨、破坏性的问题。弗洛伊德学派断言这是天生的，大多数其他动力心理学家则声称这并非与生俱来的，而是由于类本能或基本需要受挫而始终存在的反应。这些资料的另一种可能的解释——我相信是一种较好的解释——强调是由于心理健康的改善或恶化而引发的愤怒的**质变**（103）。在相对比较健康的人身上，愤怒是回应性的（对目前情境的反应），而不是产生于过去的性格的累积。更确切地说，它是对当下真实事物的有效反应，例如，对不公平、遭受剥削或攻击的有效反应，而不是很久以前别人犯的错而现在错误地、无效地把报复宣泄到清白的旁观者身上。愤怒并未由于心理健康而消失，而是采取了果断、自我肯定、自我保护、正当的义愤、与邪恶斗争等形式。而且，这种人更易于成为比普通人**更富战斗力**的为正义而战的战士。

总之，健康的攻击行为采取个人力量和自我肯定的形式。不健康的人、不幸的人或被剥削者的攻击行为更易于呈现出恶意、施虐、盲目的破坏、控制和残酷的味道。

这样表述，这个问题就如前面提到的论文（103）中的研究一样，似乎可以轻松地研究。

## 控制和限制的问题

内在道德论理论家面临的另一问题是解释容易自律的原因。通常,我们发现自律只存在于自我实现的、真实的、坦率的人身上,而并未在普通人身上发现。

在这些健康人身上,我们发现责任和快乐是合为一体的,同样,工作和玩乐、利己和利他主义、个人主义和无私也是合为一体的。我们只知道他们**以那样一种方式存在**,但是我们不知道他们是如何变成那个样子的。我有一种强烈的直觉,即这种真实的、完整人性的人是许多人能够实现的。然而,我们也面临着一种可悲的事实:达到预期目标的人如此之少,以至于也许一百或二百人中只有一人成功。我们可以对人类充满希望,因为原则上任何人都**可能**成为有益的、健康的人。但是,我们也必然感到悲哀,因为**实际上**成为好人的屈指可数。若想要查明有些人成为好人、有些人没成为好人的原因,那么,研究课题自身就呈现为研究自我实现者的生活史,查明他们是如何达到那种状况的。

我们已经了解到健康成长的主要先决条件是满足基本的需要(神经官能症通常是缺失的疾病,像维生素缺乏症那样)。但是,我们也已认识到,毫无节制的放纵和满足自有其危险后果。例如变态人格,"口腔性格",不负责任,不能承受压力,溺爱,不成熟,某种性格障碍,等等。研究的发现虽然少见,但是现在已能找到大量的临床和教育的经验。这使我们能够合理地猜测:婴幼儿不仅需要满足,他们也需要学会物质世界使他的满足成为牺牲品的限制。他应当认识到其他人，即使他的父母亲也在寻求满足，即他应该认识到，他们不只是他达到目的的手段。这意味着控制、延迟、限制、放弃、挫折承受力和自律。只有对自律、有责任心的人，我们才可以说："按照你的意愿随心所欲地做吧。很可能这样是完全正确的。"

## 退行：精神病理学

我们也必须正视阻碍成长的问题，即要正视停止成长和逃避成长、固着、退行和防御性问题，简言之，即精神病理学感兴趣的问题，或者像许多人喜欢说的，恶的问题。

为什么如此多的人没有真正的特性，拥有如此之少的自主决定和自主选择的力量呢？

1. 这些向着自我完善的冲动和定向的倾向，虽然是天生的，然而却是非常弱的。因此，同具有强烈本能的其他动物形成了鲜明对照，人的这些冲动易于被习惯、被对它们不正确的文化态度、被创伤性事件、被不正确的教育所淹没。因此，选择和责任问题，在人类身上比在任何其他物种身上表现得更为尖锐。

2. 在西方的文化中（历史决定的）有一种特殊的倾向，即假定人的这些类本能需要，所谓的动物性是邪恶的或罪恶的。结果，人类设立了许多文化机构，目的是控制、抑制、镇压、克制人的本性。

3. 拉扯个体的力有两组，而不只是一组。除了把人向前推向健康的压力之外，还有一种可怕的使人退行的压力，朝着生病和虚弱的压力。我们要么向前，朝着"高级涅槃"前进；要么向后，朝着"低级涅槃"退行。

我认为，过去和现在的价值理论和道德理论的主要现实缺陷在于，欠缺精神病理学和精神疗法这两方面的知识。纵观历史，饱学之士早就在人们面前提出了道德的好处、善良的美好、对精神健康和自我实现的固有渴望，然而，大多数人依然倔强地拒绝接受因此而产生的幸福和自尊。这样一来，留给导师的只有恼怒、急躁、幻灭，以及在责骂、规劝和绝望之间来回转换。很多人都放弃了，张口闭口说的只有原罪或人性本恶，并且得出结论，人类要得到救赎，就只能依靠非人类的力量。

与此同时，在众多有关动态心理学和精神病理学的海量丰富且具有启发性的文学作品中，蕴含着大量关于人类的弱点和恐惧的信息。我们都很清楚人类为什么做错事，为什么使他们自己陷入不幸和自我毁灭，为什么堕落和进入病态。因此，我们得到了一个领悟：在很大程度上（尽管并非全部）而言，人类的邪恶无非就是人类的弱点和无知，是可以忘记和可以理解的，也是可以治愈的。

太多的学者和科学家、太多的哲学家和神学家都在不停地谈论人类价值、善与恶，他们都完全漠视了一个简单的事实：职业心理治疗师每天都在理所当然地改变和提升人类的本性，帮助人类变得更加坚强、善良、富于创造性、和蔼、充满爱心、没有私心和平静。有时候，我觉得这一点很有意思，有时候却感到很悲哀。这些仅仅是自我认知和自我接受在改进后带来的一些结果而已。还有很多其他结果，有的更好，也有的很糟糕（97，144）。

这个主题太过复杂，我们在这里不可能详述。我所能做的就是得出一些有关价值理论的结论：

1. 自我认知是自我提升的主要途径，不过并不是唯一的途径。

2. 对大多数人而言，都很难做到自我认知和自我提升。通常都需要拿出巨大的勇气，还要经过长期的努力。

3. 通过技艺高超的专业治疗师的帮助，可以使自我认知和自我提升的过程变得简单轻松，但这绝非唯一的方式。还可以把通过疗法学到的东西应用在教育、家庭生活和人生指导上。

4. 只有通过这种对精神病理学和治疗的研究，一个人方能学会适当地尊重和重视恐惧、行退、防御和安全所具有的力量。尊重和理解这些因素的影响力，使其更有可能帮助人们自身和他人获得健康。虚假的乐观迟早会导致幻灭、愤怒和绝望。

5. 总而言之，若是不能理解人类对健康的追求，那我们就绝无可能真正了解人类的弱点，不然，我们就会犯将一切归于病态的错误。同时，若是不了解人类的弱点，我们也无法真正理解人类的长处，帮助提升人类的能力。不然，我们就会犯盲目乐观地依靠理性这一错误。

如果我们希望帮助人类成为更为完满的人，就必须意识到两点：第一，人类在尝试认识自己；第二，他们不愿意、害怕或是没有能力做到这一点。只有充分理解弱点和健康之间的辩证关系，我们才能将天平倾向于健康一边。

# 第十二章　价值、成长和健康

本章是在1960年12月10日由美国精神分析学会举办的价值研讨会上提交的论文的修订和扩展版本。

那么，我的论点是：在原则上，关于人类价值，我们有一门描述性的自然主义科学，在"是什么"和"应该是什么"之间存在一种由来已久的相互排斥的对立。在某种程度上，这种对立是虚假的对立。我们可以研究人类的最高价值或目标，就像研究蚂蚁、马、橡树的价值，或者火星人一样。我们会发现（而不是创造或发明）人在改善自我时趋向、渴望或追求什么价值，而人在患病时又失去了什么价值。

但是，我们看到，只有对真正健康的人和其他普通人做出区分，我们才能富有成效地发现人的最高价值（至少在历史的这个阶段和技术有限的情况下是如此）。我们不可能把神经质的向往和健康的向往之间加以平均，得出一个有用的结果（一位生物学家近来宣布："我在猿人和文明人之间发现了一种过渡动物，**那**

就是我们！"）。

我认为，这些被发现、被创造或被构建的价值是人性结构中内在的东西，它们既有生物和基因基础，也有文化发展基础。我只是在描述它们，而不是发明或设计它们，或者渴望获得它们（"管理自己的发现不需要承担责任"）。我的这种观点和萨特等人的观点存在很大的分歧。

我在调查研究各类人（病人或健康人、老人或年轻人以及生活在各种环境下的人）的自由选择或偏好时，会对他们采用一种更浅显的方式。当然，作为研究者，我有权这么做，就像我有权研究小白鼠、猴子或精神病患者的自由选择一样。通过这样的表达，我们可以避开很多在价值观上不相干或使人分心的争论，而且，它的优点在于强调了进取心的科学本质，并把它从先验领域里移除（无论如何，我认为，"价值"概念将很快过时。它的含义太过宽泛，内容太过多元化，而且历史也太过悠久。此外，对于价值不同的用法并不总是意识到，因而常常带来混乱，我总是倾向于不使用这个词。我们通常可以采用一个更特定的、不那么容易被人弄混淆的同义词）。

这种更自然主义的、更具描述性的研究方法（更具有科学性）还有一个优势，那就是它能够转换问题的形式，使充满疑问的问题，在预先隐藏的、未经检验的价值观下"必须"和"应该"的问题转换为诸如何时、何地、何人、多少，以及在何种条件下等普通经验形式的问题。也就是说，转换到能够凭借经验检验的问题。[1]

---

[1] 这也是摆脱在理论上和语义上对价值进行讨论的循环论证的一种方法。比如，一个具有讽刺性的典型说法是："善比恶更好，因为善是更美好的。"

我的其他主要假设是，所谓更高级的价值、永恒美德等概念，与那些被我们称作"相对健康的人"（成熟、获得发展、完成自我实现和个体化的人）在良好状态下并且觉得自己最好和最强时做出的自由选择很接近。

或者，这个假设可以用一种更有描述性的方式来表达：完成自我实现者觉得自己很强大时，如果**真的**能够做出自由选择，他们倾向于自发地选择真、善、美，而不是假、恶、丑，选择整合而不是分裂，快乐而不是悲伤，生机勃勃而不是死气沉沉，独具一格而不是千篇一律等，即倾向于选择被我描述为存在价值的东西。

这里有一个辅助性假设，即选择存在价值的倾向，在所有人或大部分人身上都若明若暗地得到体现。也就是说，这些存在价值可能是一种遍及种群的价值，在健康的人身上明白无误地、强烈地体现出来。而且，在这些健康的人身上，这些高级价值既没有被融入防御性（由焦虑引发）价值，也没有被融入"健康的退行"价值，或者"滑行"[1]价值，这种价值我在下文会谈到。

另一个非常合适的假设是，健康的人选择的东西在生物学意义上肯定是"对他们有益"（在这里，"对他们有益"是指有助于他们和他人完成"自我实现"）的东西，但是，在其他意义上只是可能对他们有益。此外，我猜想，从长远来说，对健康的人有益（被他们所选择）的东西极有可能对亚健康的人也有益。如果病人变得善于选择，并且也做出和健康者一样的选择，那么这些东西对他们也有益。另一种说法是，健康的人与不健康的人相比是

---

[1] 这个词由理查德·法森博士（Dr. Richard Farson）提出。

更好的选择者。或者，把这个论断颠倒过来，就能产生另一组含义。我建议去观察自我实现者的任何选择，研究这个观察结果，然后把这些选择假定为整个人类的最高价值。也就是说，当我们开玩笑似的把他们看作一种生物测定器，看作我们自己的一种更灵敏的变体，比我们能更快地意识到什么东西对我们有益时，我们可以看看会出现什么情况。这是一种假设，如果时间允许，我们最终会选择他们迅速选择的东西。或者说，他们的选择智慧我们迟早会看得到，并且也会做出同样的选择。或者，他们能够敏锐而清晰地感知到的东西，我们隐隐约约也能感知到。

我还假设，人在高峰体验中**感知**到的价值，和上述的选择价值大体相同。我这么假设，是为了证明选择价值是一种独一无二的价值。

最后，我假设，作为偏好或动机而体现在这些最佳试验者身上的存在价值，在某种程度上和描述"好"的艺术作品、普遍人性或好的外在世界的价值并无二致。也就是说，我认为，在某种程度上，人的内在的存在价值和在世界上感知到的相同的价值是同构的。这些内在价值和外在价值互相促进，互相强化，形成一种动态关系（108，114）。

为了阐明一个含义，这些命题都断言，人性内部存在最高价值，并有待被发现。这与古老的、传统的观念构成尖锐矛盾，后者认为最高价值只能来自超自然的上帝，或者来自人性之外。

## 给人性下定义

我们应该坦率地承认这个论题内在的理论上和逻辑上的真实困难，并且应该努力解决这些困难。这个定义的每个部分都需要我们对之进行再定义。而且，当我们在使用这些定义时，就会发现我们自己在沿着一个圆圈的边缘走，我们不得不承认某种圆圈。

只有在对照某种人性标准时才能对"好人"下定义。而且，几乎可以肯定，这种标准是一个程度问题。也就是说，一些人比另一些人更具有人性，这种"好"人或者"好的样本"**非常**具有人性。情况之所以一定如此，是因为对于人性有许多定义特征，每个特征都是**必要条件**，而且在定义人性时不能单独存在。此外，许多这样的定义特征本身也只是程度问题，并不能完全严格地将人和动物做出区分。

在这里，我们也发现罗伯特·哈特曼（Robert Hartman，59）的公式非常有用。一个好人（或者一只好的老虎，或者一棵好的苹果树）的好要达到满足或符合"人"（或者老虎或苹果树）的概念这个程度。

从一种观点来看，这个解决办法的确很简单，我们一直在无意识状态下使用。新手妈妈问医生："我的孩子正常吗？"医生明白她的意思而不深究她的用词。动物园管理人员在购买老虎时会寻找"好的样本"，挑选真正的老虎，也就是说，这种老虎必须要具有所有被完整定义和充分发展的虎性特征。我在为实验室购买卷尾猴时，也会要求好的样本，即具有**良好猴性**的猴子，要好的卷尾猴，而不是那些古怪或不正常的猴子。如果我碰到一只尾巴不会卷曲的猴子，尽管在老虎身上尾巴就应该不卷曲，但对卷尾猴来说，没有卷尾巴就不是好的卷尾猴。好的苹果树或好的蝴蝶也是如此。分类学家从新品种中选出"典型样本"，把这个样本放在博物馆里，作为整个种群的范例，这是他所采集到的最好的样本，也是最成熟、最没有缺陷、最典型的个体，定义这个品种的所有特征它都符合。在选择"好的雷诺阿"（作品）或者"最佳鲁本斯"（作品）时也采用同样的原则。

恰好在同样的意义上，我们可以从人类中挑选出最佳样本，这个样本具有符合人这个物种的所有特征，作为人的所有能力都得到充分发展和使用，没有任何明显的疾病，特别是有些疾病可能会损害人的核心的、典型的、**必要的**特征，他没有患上这些疾病。这类人可以被称作"最完美的人"。

迄今为止，找到这样的样本并不困难。但是，在进行选美大赛或购买一群羊或购买一条狗作为宠物时，需要考虑额外出现的困难。在这里，我们首先遇到的是在仲裁时文化标准的选择问题，这个问题可以压倒和抹去所有生物心理学的决定因素。其次，我们要面对驯养的问题，也就是说，我们要面对人工的和受保护的生命。在这里，我们必须记住，在某种程度上，也可以认为人是能够被驯化的，尤其是那些最受我们保护的人，比如脑损伤患者或幼儿等。最后，我们需要在奶农的价值和奶牛的价值之间做出区分。

就出现的状况来看，由于人存在类本能倾向，这种类本能比文化的力量要弱得多。所以，要提炼人的心理学价值是十分困难的。但不管是否困难，原则上可以为之。而且，这个任务必不可少，甚至是非常关键的（97，第七章）。

在研究过程中，我们遇到的一个大问题就是，如何去"选择健康的选择者（chooser）"。**事实上**，这一点很快就能很好地完成，就像医生能够马上选出身体健康的有机体一样。在这里，困难主要来自**理论上**的问题，即健康的定义和概念化问题。

## 成长价值、防御性价值（不健康的退行）和健康的退行价值（"滑行"价值）

我们发现，在真正的自由选择下，成熟的或更健康的人不仅重视真、善、美，而且也重视退行、生存和自我平衡的价值，如平和与安静、睡眠与休息、顺从、依赖与安全、对现实的防范和疏离、从莎士比亚退到侦探小说、对幻想的沉醉，甚至对死亡（和平）的企盼，等等。我们可以粗略地把它们称作成长价值和健康的退行，或者"滑行"价值。而且，我们还可以进一步指出，一个人越成熟、强大和健康，就越追求成长价值，对"滑行"价值的追求和需要就越少。但是，他仍然需要这两者。这两种价值总是处在辩证关系中，形成一种动态平衡，在外显行为上表现出来。

应当记住的是，基本动机提供现成的价值阶梯，这些价值彼此相互联系，包括高级需要和低级需要的价值、较强的和较弱的价值，以及重要的和可有可无的价值。

这些需要排列成一个综合的层级结构,而不是二分式结构,也就是说,它们彼此依赖。比如说,施展特殊才能的高级需要,依赖安全需要的不断满足来实现,即便处在非活跃状态,这种安全需要也不会消失(所谓非活跃状态是指饱餐过后的那种食欲状态)。

这就是说,回到低级需要的退行过程总是作为一种可能性保留着。而且,由于这个原因,不仅不能把这种退行过程看作一种病态的或者反常的过程,相反,对于整个有机体的完整性而言,要把它看作一个绝对必不可少的过程,是满足"高级需要"的存在和运作的先决条件。安全是爱的**必要前提**,而爱是完成自我实现的先决条件。

所以,和所谓的"高级价值"一样,这种健康退行的价值选择也应当被看作是"正常的"、自然的、健康的、类本能的等。显然,它们彼此处在一种辩证的、动态的关系中(或者,正如我更喜欢使用的一种说法,它们是层次综合体,而不是二分体)。最后,我们必须面对清晰的、描述性的事实,即在大部分时间,对大部分人来说,低级需要和价值比高级需要和价值更具有优势,也就是说,这种低级需要和价值产生一种强烈的退行拉力。只有最健康、最成熟、最进步的个体,才会更坚定地、更频繁地选择高级价值(并且只有在好的或者较好的生活环境下才会如此)。情况大体可能如此,因为他们已经获得满足低级需要的坚实基础,通过这种满足,低级需要处在一种休眠或不活动状态,不再产生退行的拉力(显然,如果假设这种需要得到满足,还要假设有一个好的社会)。

有一种老式的方法总结道，人的高级本质依赖低级本质而存在，后者是前者的基础，没有这个基础，前者就会轰然倒塌。换言之，对大多数人类来说，没有需要得到满足的低级本质作基础，人的高级本质就不可想象。要想发展高级本质，最佳之策就是先实现和满足低级本质。此外，人的高级本质也依赖好的或较好的环境条件，现在或过去都是如此。

这里要表达的重点是，人的高级本质、理想、抱负和能力并不是依赖本能的自我克制，而是依赖本能的满足（当然，我在这里所谈到的"基本需要"不同于古典弗洛伊德学说的"本能"）。尽管如此，我的这种说法指出，有必要对弗洛伊德的本能论进行重新审视，而且早就应该这么做了。另一方面，这种说法与弗洛伊德对生与死的本能做出的隐喻的二分法具有同构性，我们或许可以利用他的基本隐喻，但要修正他的具体说法。如今，存在主义者用另一种方式对前行与退行、高级与低级的辩证法进行了阐释。我力求使我的观点更接近经验材料和临床资料，能更进一步进行肯定或否定，除此之外，在这些说法之间，我并未发现存在什么巨大差异。

## 存在主义的人的两难困境

即便最完美的人也无法免受人的基本困境困扰：人同时既是生物的人，又是神性的人；既是强大的，又是弱小的；既是有限的，又是无限的；既是动物的，又是超越动物的；既是成人的，又是孩子气的；既是胆小的，又是胆大的；既是前行的，又是退行的；既渴望完美，又害怕完美；既是可怜虫，又是英雄。这就是存在主义者不断告诉我们的事实。我认为，我们应当赞同他们的观点。有证据表明，两难困境及其辩证法是任何精神动力学和心理治疗的目的体系的基本问题。此外，我认为，它也是所有自然主义价值理论的基本问题。

然而，抛弃沿用了三千年的二分法习惯，也就是亚里士多德逻辑学模式的割裂和分离，是非常重要的，甚至具有决定性意义（"A和非A彼此完全不同且相互排斥。你可以选择A或者非A，但不能同时两个都选"）。尽管可能很困难，但我们必须要学会整体论的思考，而不是原子论的思考。事实上，所有这些"对立面"是层次整合（hierarchically integrated）的，在健康的人身上尤为如此。心理治疗的一个正确目标就是摆脱二分法和割裂，将看似矛盾的对立面整合到一起。我们的神性特征依赖和需要我们的动物性特征。我们的成人性特征不仅不应当抛弃孩子气，还应当将它的良好价值包含进来，并以它为基础建立起来。高级价值和低级价值分层次整合起来。最终，二分病态化，病态二分化（参照戈尔茨坦有影响力的分离概念）。[1]

---

[1] 库尔特·戈尔茨坦最有名的研究是关于脑损伤患者如何应对损伤的研究。这些观察使他构建了一个更为普遍的心理学理论，着重研究有机体作为一个综合的、有机的整体，而不是彼此分开的各个部分形成的一个混杂物，在进行活动时的倾向。这项研究的结果表明，精神病和其他形式的心理障碍的主要诱因是，个体的部分方面、特点或倾向从整体中孤立出来，给生活造成了混乱。又见第三章有关戈尔茨坦的注解。

## 作为可能性的内在价值

我曾经谈到过,在一定程度上,价值发现于自我内部。但是,价值也是由人自己创造或选择的。我们依靠价值生活,发现价值不是获得它的唯一方法。自我探索发现某种意义明确的东西,手指只指向一个方向,只用一种方式来满足需要,这种情况十分罕见。几乎所有需要、能力和才能都能通过多种多样的方式得到满足。尽管满足方式有限,但仍然**是**多种多样。天生的运动员,有很多运动项目可供选择。对爱的需要可以被许多人中的任何一个人用多种多样的方法给予满足。对天才的音乐家来说,单簧管和长笛给他带来的快乐几乎一样多。一个伟大的知识分子,当一名生物学家、化学家或心理学家是同等快乐的。对于任何有善意的人来说,致力于各种事业或职务都能给他带来同等的满足感。我们或许可以说,人性的内在结构是柔性的,而不是硬性的。或者说,它可以像树篱那样被引导着朝一定的方向生长,或者甚至像有的果树那样被弄成匍匐状。

尽管一位优秀的测试员或者治疗师很快就能以一般的方式发现一个人的才能、能力和需要,并能给予他不错的职业指导,这里仍然存在选择和拒绝的问题。

此外,当成长中的人隐隐约约看到自己的命运范围,他可以根据机遇并按照文化的赞同或谴责从中进行选择,当他逐步献身于(选择,还是被选择?)诸如医生这样的行业,很快就会出现自我制造或自我创造这样的问题。纪律、艰苦工作、快乐延迟、强制自己、自我塑造和训练，这一切成为必须，甚至对"天生的医生"来说也是如此。不管他多么热爱这份工作，为了整体，他仍然需要克服各种困难。

或者可以换一种方式来提出这个观点，经过成为一名医生来完成自我实现，这意味着成为一名**好的**医生，而不是差的医生。这个理想无疑部分地由他来创造，部分地由文化来赋予，部分地由他在内心发现。他对一名好医生应当是什么样子的想象，和他的才能、能力和需要一样具有决定作用。

### 暴露疗法有助于发现价值吗？

哈特曼（61，pp.51；60；85）否认道德规范能够合理地从心理分析的发现中衍生出来（又见p.92）。[1]在这里，"衍生出来"指的是什么？我认为，心理分析和其他暴露疗法，仅仅**揭开**或显示了一个人内在的、生物上的、更加类本能的核心本质。这个核心的一部分无疑是偏好和渴望，可以把它们看作是内在的、具有生物基础的价值，尽管这种价值很微弱。所有基本需要都归入这个范畴，个体的所有天生能力和才能也是如此。我并没有说，这些

---

[1] 我不能肯定这些观点究竟存在多大差异，例如哈特曼在文中有一段（p. 92），我认为和我的上述论点是一致的，尤其是他所强调的"真正的价值"。
请与费尔（Feuer，43，pp.13-14）的这段论述进行比较："真正的价值和非真正的价值，它们之间的差异是有机体原始冲动**表现**的价值和**引发焦虑**的价值的差异。自由人格表现的价值和受恐惧和禁忌压制表现的价值形成对比。这个分歧以道德理论为基础，也是一门应用社会科学（为了实现人类幸福）在发展上存在的分歧。"

是"应然"和"道德规范",至少我没有从古老的外部意义上去解释。我只是说,它们对于人性来说是内在的东西,而且,否定和挫折会使它们表现出病态,从而产生恶,尽管病态和恶不是同义词,但它们肯定有互相重叠的部分。

雷德里奇（Redlich，109，p.88）也有类似的说法:"如果谈论治疗方法变成对意识形态的探索,那么,正如惠利斯明确指出的那样,结果一定会令人失望,因为心理分析不能提供意识形态。"当然,如果我们从字面上理解"意识形态"这个词,那么这种说法自然正确。

但是,我们会因此而忽略一些非常重要的东西。尽管暴露疗法没有**提供**意识形态,但它们无疑有助于**暴露**内在价值的**基础**或雏形,至少将其公诸世人。

换句话说,暴露疗法和深度疗法能够帮助病人发现他隐约在追求的、向往的或需要的最深层、最内在的价值。因此,我坚持认为,正确的疗法和寻求价值有关,而不是像惠利斯（174）所称,认为它们毫无关系。当然,我认为,不久以后我们可能甚至会把治疗**定义**为寻求价值,因为治疗最终寻求的同一性,在本质上就是寻求一个人的内在的、真正的价值。我们回忆一下，提高自我认识（认清**自己**的价值）和提高对他人的认识、对一般现实的认识是一致的时候，这就变得更清楚了。

最后，我认为，目前对自我认识和道德行为（以及价值承诺）之间的巨大差距我们可能强调得过多，问题本身可能就在于它只是思想和行动之间的**强迫性**断层，这个问题在其他特征上并不具有普遍性（32）。这可能也概括了哲学家古老的两难悖论，即"是"与"应当"、现实与规范之间的二分式困境。我对健康的人、处在高峰体验中的人、设法把他们的强迫性品质和良好的歇斯底里品质整合起来的人进行观察后发现，一般而言，不存在这种**无法逾越**的鸿沟或断层。在他们那里，在明确认知的基础上，他们通常会产生自发的行动或道德承诺。也就是说，当他们**知道**什么事情正确，就会去做这件事。在健康的人身上，知识和行动之间的差距还体现在哪些方面呢？只有现实和存在的内在差距，在真正存在的问题上的差距，而不是假问题上的差距。

这个假设在多大程度上是正确的，深度疗法和暴露疗法就能在多大程度上消除疾病和合理地发现价值。

# 第十三章　超越环境限制的心理健康

本章中的资料最早在1960年4月15日由东部心理学学会举办的"积极心理健康研究启示座谈会"中提出。

我的目的旨在重提一个观点,这个观点可能在当前讨论精神健康的热潮中已被丢弃。我发现,用适应性、适应现实、适应社会和适应他人来鉴定心理健康,这种陈旧观点重新抬头,正在以一种全新的、更为复杂的形式复活,这是很危险的。也就是说,一个人可能不是根据自己的实际情况,不是凭借自主权,不是靠自己的内心和非环境性的法则来定义自己是否可信或者心理是否健康,不是把自己作为不同于或独立于环境,或与环境**对立**的个体存在,而是以环境为中心来定义自己。比如驾驭环境的能力,在环境中有能力,有才干,工作效率高,能胜任工作并干得出色,能很好地认识环境,能很好地融入环境中,在这个环境下获得成功。换个方式来说,职位分析和对工作任务的要求不应当成为评价个体是否有价值或者是否健康的主要标准。人不仅具有外向性，还具有内向性。在理论上不能用精神外的中心来定义精神健康。我们一定不要陷入根据某个个体"对什么有用"来判断这个个体是否优秀的陷阱，仿佛他是一个机械装置，是实现某种外在目的的工具，而不是作为他自身而存在。

罗伯特·怀特近期（1959）发表在《心理学评论》上的论文《重新考虑动机》（Motivation Reconsidered，177）和罗伯特·伍德沃斯（Robert Woodworth）出版的《行为的动力》（*Dynamics of Behavior*，184）格外引起了我的思考。我之所以谈到这些文章，是因为它们写得非常出色，用极为复杂细致的论述将动机理论推进了一大步。他们迈出了这一步，我很赞同。但他们走得远远不够。我所提到的那个危险他们只是隐隐地提及，尽管他们认为熟练、效力和胜任可能是一种积极而非消极地适应现实的形式，但它们仍然是适应论的变种。我认为，尽管这些论述令人钦佩，但我们必须超越它们，这样才能清醒地认识超越环境[1]，独立于环境，有能力反抗它，和它做斗争，无视它，或者对它不予理睬，拒绝它或者适应它（我忍不住要探讨一下男性气概，那些具有西方人和美国人特征的术语。一个女人、印

---

1 在这里使用"transcendence"（超越）这个词，是因为没有更好的词来表达。"independence of"（独立于）意味着自我和环境简单地二分化，因而是不合适的。遗憾的是，"超越"一词意味着某一"高者"藐视并摒弃"低者"，亦即一种错误的二分法。在其他情况下，为了和"二分化思维方式"形成对比，我使用"层次整合思维"，意即"高者"建立在"低者"之上，前者取决于后者，且包含后者。举例来说，中枢神经系统、基本需要层级或军队都属于层次整合模式。我在这里所使用的"超越"是指层次性整合的含义，而不是二分化的含义。

度人或者甚至法国人是否首先根据权力或者能力来判断男子气概呢？）。按照心理健康理论，精神之外（extra-psychic）的成功尚不足够，还必须把精神内层（intra-psychic）的健康囊括其中。

另一个例子我不像许多人那样认真对待，也就是哈利·斯塔克·沙利文[1]（Harry Stack Sullivan）式的尝试，仅仅依照别人的评价来定义自我，这是一种极端的文化相对论。按照这种做法，健康的个性特征完全丧失。这里并不是说，不可以用沙利文式理论来解释不成熟的人格。相反，可以解释。但是，我们在此探讨的是健康的、具有成熟人格的人。那么**他**的特点肯定是超越了其他人对他的看法。

为了证实我的判断，我们必须在自我和非我之间保留区别，以便理解完全成熟的人（可信、实现自我、个性化、具有创造性和健康的人），我简单提出下述考虑，请注意：

1. 首先，我要提出一些数据，我在1951年发表的名为《抗拒文化适应》（Resistance to Acculturation，96）的论文中提到过。文中谈道，我的健康的研究对象表面上接受习俗，私下对这些习俗满不在乎，敷衍了事，置身事外。也就是说，这些习俗他们既能接受，也能抛弃。事实上，我发现他们都在用一种相当平静的、幽默的方式去抵制文化的愚蠢和欠缺，或多或少在努力改善

---

[1] 哈利·斯塔克·沙利文（1892—1949），美国最著名的精神医学家，主要研究精神分裂症和人格理论，强调人际关系对于人格的重要性。沙利文是"自我"和"人格"的建构主要形成于人际交往这一理论的主要倡导者。见沙利文的《精神病学的人际关系理论》【*Interpersonal Theory of Psychiatry*（New York：Norton，1953）】。

它。当他们认为有必要时，会表现出坚决抵制的能力。论文中有这样一段文字："喜爱、赞同、反对和批判，这些情感不同程度地掺杂在一起，表明他们从美国文化中取其精华，去其糟粕。一言以蔽之，他们进行权衡和判断（按照自己的内心标准），然后做出自己的决定。"

他们还表现出一种惊人的超然态度，渴望甚至需要私人空间（97）。

"出于这样或那样的原因，可以把他们称作独立自主的人，也就是说，统治他们的是自己的性格法则，而不是社会法则（如果自身法则和社会法则存在差异的话）。从这个意义上说，他们不仅仅是美国人，而且在更大的程度上是人类的成员。"接着我推测："这些人身上的'国民性格'比较少，和那些拘泥于本国文化、发展欠缺的成员相比，他们更应该像是彼此跨越了文化界线。"[1]

在这里我想强调的是这些人超然、独立、自我管理的特点，他们具有从内心寻找生活的指导价值和准则的倾向。

---

1 超越文化界线的典型人物有沃尔特·惠特曼和威廉·詹姆斯，他们是典型的、纯正的美国人，但同时也是纯粹超越文化的、全人类的国际主义成员。尽管他们是美国人，也正因为他们是这样的美国人，所以他们更是世界意义的人。犹太哲学家马丁·布伯也是如此，他超越了犹太文化。葛饰北斋（Hokusai）是典型的日本人，但也是一名世界性的艺术家。或许任何世界性的艺术都不能无根无源。区域性艺术不同于植根于区域，但意义变得更广泛的人类艺术。说到这里，我们可能会想起皮亚杰的研究对象日内瓦小男孩的例子，在了解某物可与另一物同时以一种分层次的方式整合前，这些小男孩无法理解某个人既是日内瓦人，又是瑞士人。奥尔波特提出了这个事例和其他事例（3）。

2. 此外，只有通过这种区分，我们才能为自己保留一个理论上的位置，供自己冥想、沉思和进行其他一切走进自我的活动，从外部世界抽离出来，以便聆听内心的声音。这包括所有领悟治疗的全部过程，在这一类治疗中，脱离外部世界是**必要条件**，通过进入幻想和初级过程达到健康状态，也就是说，这通常是一个恢复内心世界的过程。用于进行精神分析的睡椅或许可以帮助实现文化超越（在任何更充分的探讨中，我的确认为这种自我意识的过程本身很愉快，具有体验价值。28，124）。

3. 我认为，近来对健康、创造性、艺术、游戏和爱的兴趣，已教会我们许多关于**普通**心理学的知识。在这些探索过程的不同结果中，我要强调其中一种，来服务我们近期的目标。也就是说，我们对人性、无意识和初级过程的底蕴，以及对原始思维、神话思维和诗性思维，在态度上发生了改变。由于病态的根基首先是在无意识之中发现的，所以我们倾向于认为无意识是坏的、邪恶的、疯狂的、肮脏的或者危险的，认为初级过程**歪曲**了事实。但是现在，我们发现这些底蕴也是创造性、艺术、爱、幽默和娱乐的源泉，甚至也是某种真理和知识的来源。基于这种发现，我们可以开始说健康的无意识，或者健康的退行了。我们尤其可以开始重视初级过程的认知，以及原始思维或神话思维，而不再认为它们是病态的了。现在，我们可以进入初级过程的认知状态，来获得某种知识，这种知识不仅有关自我，而且有关世界，次级过程无法识别它们。这些初级过程成为正常的或健康的人性的组成部分，任何健康人性综合理论都应将它们纳入进来（84，100）。

如果你赞同这个观点，那么你一定会深入思考这样一个事实：它们处在精神内层，有它们自己土生土长[1]的法则和规律，**主要**不是要适应外在现实、被现实塑造或为了应对现实而产生。人格的更多表层部分分离出来，负责承担对外工作。如果把整个心灵等同于应对环境的工具，就会丧失某些再也不敢失去的东西。适合、适应、顺应、胜任、掌控和应对，这些都是以环境为导向的词，所以不适合用来描述**整个**心灵，因为有一部分心灵和环境没有关系。

4. 行为在应对方面和表现方面存在差别，这种差别也很重要。一切行为都受到动机激励，这个公理我在各种领域都进行过挑战。这里我要强调的是，表现行为（expressive behavior）没有受到动机激励，或者比应对行为（coping behavior）更少受到动机激励（这里取决于你对"动机激励"的理解）。在更纯粹的形态中，表现行为和环境关系甚微，并无改变或适应环境的目的。顺应、适合、胜任或掌控这几个词只适用于应对行为，而非表现行为。以现实为中心的完满人性理论要想处理或实现"表现"，需要克服很大的困难。理解表现行为的简单自然的中心点在心灵内部（97，第十一章）。

5. 把注意力集中到任务上，就会在有机体内和环境中产生效能结构。与任务无关的东西就被推到一边，不被注意。各种相关的能力和信息在目标和目的的引领下进行自我排列，意即按照是否有助于解决问题来定义重要性，也就是说，按照有用性来定义。对解决问题没有帮助的东西变得不重要。选择成为一种必

---

[1] 土生土长的（autochthonous），本土的；源自并形成于产生之地。马斯洛在这里使用这个词是指与生俱来的、固有的或内在的意思。

要。所以抽象地说，这就意味着对有些东西可以视而不见，刻意疏忽，将它排除在外。

但是，我们知道，有动机的感知，任务定向，根据有用性来进行认知，这些全都是需要被酌情删减的效力和胜任力（怀特把胜任力定义为"有机体与环境进行有效互动的能力"）。为了实现完整的认知，我曾经写道，认知过程必须要做到超然、无兴趣、无欲求和无动机。唯有如此，我们才能根据客体的本质，感知它的客观、内在的特征，而不是把它抽象为"有用的东西"或"危险的东西"，等等。

我们试图掌控环境或有效融入环境时达到什么程度，对全面的、客观的、超然的、不受干预的认知可能性就会删减到什么程度。只有顺其自然，才能实现全面认知。再者，举一个心理治疗的例子，越渴望做出诊断，并制定治疗方案，就越于事无补。越渴望治愈，就越发经久不愈。每一位精神病研究人员都应**学会**不去做出治愈的尝试，**不**失去耐心。在这种情况和许多其他情况下，让步就是克服，顺从就是成功。道教徒和禅宗佛教徒采用这种办法，是因为他们早在几千年前就看到了我们心理学家现在才开始意识到的问题。

但最为重要的是，我初步发现，健康的人身上更容易发现这种关于世界的存在性认知，这种认知甚至可能成为一个定义健康的特征。我还在高峰体验（短暂的自我实现）中发现了存在性认知。这意味着，即便与环境存在健康关系，掌控、胜任力和效力这些词表示出了更多的主动目的性，远远超出了明智的健康概念或超越概念的需要。

对无意识过程的态度改变产生这样一个后果，从这个例子中可以假设，对健康的人而言，感官剥夺不仅仅只是造成恐慌，还带来愉悦。也就是说，由于切断与外在世界的联系，使得内心世界能够进入到意识，而更健康的人才能接受和享有内心世界，所以他们应当更易于享有感官剥夺。

6. 最后，为了确保这一观点得到明确无误的理解，我想强调几点：首先，向内看真实自我是一种"主观生物学"，因为它必须包含一种努力，去意识到自身的体质、性情，解剖上的、生理的和生物化学的需要、能力和反应，也就是说，意识到自己在生物学上的个体特征。此外，第二点就是，尽管听起来矛盾，但这确实是一种体验自己的人类特征，意即全人类共性的途径。也就是说，通过它，我们可以体验到一切人类与我们在生物上的兄弟关系，不管他们的外部环境如何。

## 概要

关于健康理论，这些考虑能教会我们如下几点：

1. 我们务必不能忘记自主的自我或纯粹的心灵。务必不能**只**把它们看作一种顺应的工具。

2. 即便在处理我们和环境的关系时，也必须为与环境和强势环境的接受关系保留理论上的位置。

3. 心理学部分是生物学的分支，部分是社会学的分支。但情况不**仅仅**如此。它具有自己特定的范围，那些**没有**反映或塑造外在世界的部分就属于心理部分。

**第四编**

# 未来的任务

# 第十四章　成长和自我实现
# 心理学的一些基本命题

马斯洛在初版的《需要与成长：存在心理学探索》的前言中提到了本章中提到的命题，"是对这本书和我的前一本书的总结"。本章大部分内容均起草于1958年。

当人的哲学（他的本质、目标、潜能和成就感）发生改变，一切理论都会随之发生改变，不仅政治学、经济学、道德观和价值观、人际关系和历史学理论会发生改变，教育学、心理治疗和人格成长理论（如何使人成长的理论，使他变成他能够和需要变成的样子）也会发生改变。

如今，我们正处在人的能力、潜能和目标的概念发生改变的阶段。关于人的发展潜能和命运，出现了一种新的观点，它涉及很多方面，不仅包括我们的教育理念，还包括科学、政治、文学、经济、宗教，甚至非人类世界的概念。

我认为，现在可以开始把这种人性观描述成一种完整的、单一的、全面的心理学体系,尽管针对目前最全面的两大心理学的局限性(作为一种人性的哲学而存在局限性),它的许多观点是作为一种**对抗**反应而产生的,这两种心理学是指行为主义心理学(联想心理学)和弗洛伊德古典精神分析学说。要单独为这个心理学理论贴上标签仍然绝非易事,或许这么做也为时过早。过去我称为"整体动力"心理学,以表示其主要根基已得到我的证实。有些人沿用戈尔茨坦的叫法,将其称作"机体论心理学"。苏蒂奇和其他人则称其为自我心理学或者人本主义心理学。以我的猜测,我们将会发现,几十年后,如果这门心理学继续保持适当的折中和全面性,就可以索性将其称作"心理学"。

我想,我所能做的最大贡献,就是说出我的主要想法和我的研究发现,而不是作为思想家学派的一名"正式"代表来发表意见,尽管我确信我的大部分观点他们都赞同。关于"第三势力心理学"的著作选读已被列入文献目录中。由于本书篇幅有限,在此只介绍这门心理学的主要命题。需要注意的是,我的许多观点尚未得到资料的佐证,有些命题主要基于我个人的证实,较少得到公众的证实。然而,它们大体上可以确证或者否证。

1. 我们每一个人都具有一种内在本质,这种本质是类本能的、内在的、特定的、"天生的",也就是说,具有可感知的遗传决定因子,具有继续存在下去的强烈倾向(97,第七章)。

在这里谈到遗传、本质和**个体**自我在早期获得的根基,探讨这些自有道理,尽管这种自我的生物决定性只是局部的,而且描述起来十分复杂。无论如何,这些个体自我的根基都是"原始材料",而不是成品,它们将对个体、个体的重要他者和环境等做出反应。

这种内在本质包括：类本能的基本需要、能力、才干、解剖资质、生理或性情平衡、出生前后带来的伤害和新生儿创伤等。这种内在核心体现的是一种自然倾向、行为倾向和内在倾向。不管是防御机制，还是应对机制、"生活方式"和其他性格特征，一切都在人生的最初几年得以形成，这里仍然应当对这些因素进行探讨。当个体开始接触外在世界，并与之进行交往时，这些原始材料就迅速开始成长为自我。

2. 这种内在本质是一些潜能，而不是最终实现物。因此，它们有一部生活史，必须要用发展的眼光去看待它们。大部分内在本质（但不是全部）在精神之外的决定因素（文化、家庭、环境、学习等）的影响下得以实现、形成或遭到扼杀。在人生的早期阶段，这些无目标的冲动和倾向就通过渠限化（122）依附在客体之上（"情感"），但也通过主观随意的联想来实现。

3. 即便这种内在核心具有生理基础，是"类本能的"，但从某种意义上说，它软弱无力，容易被战胜、抑制或约束，甚至可能被永久消灭。人类不再具有动物的本能，内心有个强烈的、明显的声音明确地告诉他们何时何地做什么，怎么做以及和谁做。我们保留的是本能的残留物。此外，这些本能软弱无力，微不足道，在学习、文化期待、畏惧或者反对之下，它们很容易被埋没。了解它们绝非易事。在某种程度上，可以将真实自我定义为能够倾听内心冲动的声音，也就是说，知道什么东西是自己真正想要或者不想要的，自己适合什么或**不**适合什么，等等。不同的个体，这种冲动的声音强度似乎存在很大的差异。

4. 人的内在本质中，有些特征是所有其他人（全人种范围内）所共有的，有些是个体的独有特征（特异的）。对爱的需要是每个人与生俱来的特征（尽管随后在某种情况下这种需要会消失）。然而，音乐天赋只有极少数人才具有，而这些人在风格上彼此有明显的差别，比如莫扎特和德彪西。

5. 我们能够科学地、客观地研究内在本质（也就是说，用合适的"科学"去研究），并发现（**发现**，不是发明或创造）它的真相。我们还能够在主观上通过内在探究和心理治疗，这两种手段相辅相成，去实现研究。一个展开的人本主义科学哲学必须包含这些依据经验的技术。

6. 内在的深层本质有很多方面，要么（1）像弗洛伊德所描述的那样，出于畏惧或被反对，或者自我矛盾，它们遭到主动压抑，要么（2）像沙赫特尔描述的那样，遭到"遗忘"（被忽视、不被使用、忽略、未用言辞表达或者抑制）。因此，许多内在的深层本质是无意识的。不仅如弗洛伊德强调的那样，冲动（驱动力、本能和需要）是无意识的，而且能力、情感、判断、态度、定义和知觉等也是如此。主动压抑需要花费努力和精力。有许多特定的技巧，用于主动保持无意识，诸如否定、投射、反应形成，等等。然而，压抑不会扼杀那些被压抑的意识。被压抑的意识仍然作为思想和行动的主动决定因素继续存在。

主动和被动压抑似乎开始于一生的早期，主要是作为对父母和文化不认同的一种反应。

然而，一些临床证据表明，在幼儿或青少年身上，压抑也产生于精神内层或文化之外，也就是说，怕被他自身的冲动湮没，怕自己完全崩溃、"瓦解"，情绪爆发，等等。幼儿对自己的冲动可能会自发形成一种恐惧和不认同的态度，然后以各种方式进行自我防御，来对抗这种冲动，这在理论上是可能的。如果情况真是如此，社会需要就不是唯一的抑制力，可能还存在一种精神内层的抑制力和控制力。我们可以把它们称作"内在的反能量发泄作用"。

我们最好把无意识的驱动力和需要与认知的无意识方式区分开来，因为后者更容易使人产生意识，从而对之做出修正。初级过程的认知（弗洛伊德）或者原始思维（荣格），通过诸如创造性的艺术教育、舞蹈教育和其他非语言的教育技术，更容易得到恢复。

7. 尽管这种内在本质很"微弱"，但在一个普通的美国人身上，它们很难消失或消亡（然而，在一生的早期，这些本质会有消失或消亡的可能）。虽然遭到否定或压抑，人的内在本质仍然会以一种隐秘的、无意识的方式存在下去。如智力的声音（内在本质的一部分），尽管轻声说话，但**仍能**被我们听见，即便是以被歪曲了的形式。也就是说，它有一种内在的动态力量，总在迫使它公开地、不受抑制地得到表达。抑制或压抑它时必须做出努力，这也会导致疲劳。这种动态力量是"健康意志"、成长欲、自我实现压力和追求同一性的一个主要方面。正是它，使得心理治疗、教育和自我改善在原则上成为可能。

8. 然而，只有部分内在核心或自我通过（客观或主观）发现、揭露和承认其事先就在"这儿"，而成长进入成人阶段。在一定程度上，这也是个体的一种自我创造。对个体而言，一生是一个连续不断的选择过程,其中,选择的主要决定因素是个体已经形成的部分(包括个体的目标、勇气或恐惧、责任感、自我力量或"意志力",等等)。我们再也不能把人看作"完全被决定"的人,因为这句话只意味着"人只被外在力量决定"。个体,作为一个真正意义的人,主要决定因素是他本身。在一定程度上,每个人都是"他自己的投射",并且自己创造自己。

9. 如果人的本质核心(内在本质)受到挫败、否定或压抑,就会引起疾病,这种疾病有时明显,有时微妙隐晦,或早或迟地发生。这些精神疾病的种类远比美国精神病学会所列出的要多得多。举例来说,在如今看来,性格失调和性格障碍对世界命运的重要性,远比传统的神经症甚至精神病大得多。这种新观点认为,新的精神疾病危险性更大,比如"人格发育欠缺或发育不良的人",也就是说,人的定义特征丧失,或者人格丧失,不能实现人的潜能和价值,等等。

这意味着,普通的人格疾病被认为是成长、自我实现或健全人性的缺失。受挫(这些受挫包括基本需要的受挫、存在价值的受挫、特质潜能的受挫、自我表达的受挫、按自己的风格和步调成长的倾向的受挫)被认为是疾病的主要成因(尽管不是唯一成因),在人的早年时期尤为如此。也就是说,基本需要的受挫不是精神疾病或人性削弱的唯一根源。

10. 据我们所知,这种内在本质绝不是原初的"恶",在我们的文化中,我们成年人把它称作"善",或者认为它是中性的。最准确的表达方式就是把它看作"先于善和恶"。如果我们谈到婴儿或儿童的内在本质,这种说法完全没问题。如果我们说这个"婴儿的内在本质"在成人时期仍然存在,则这个表述就要复杂得多。如果从存在心理学,而不是匮乏心理学的观点来看待个体,问题就变得更为复杂。

这些结论已得到所有和暴露、揭开人性真相有关的科学技术的证实,这些技术包括心理治疗、客观科学、主观科学、教育和艺术。举例来说,在长期的暴露疗法过程中,怨恨、畏惧和贪婪等情绪得到缓解,爱、勇气、创造力、仁慈和利他主义得到增加,使我们得出结论,认为后者所表现出来的人性比前者"更深刻"、更自然、更本质。也就是说,通过这种暴露,被我们称作"恶"的行为得到减少或移除,而被我们称作"善"的行为得到培养和加强。

11. 我们必须把弗洛伊德式的超我和内在良知、内在性内疚区别开来。前者在原则上把他人(包括父母、老师,等等)的不认同或认同带到自我中去,而不是根据自身来塑造自我。内在性内疚是指接受他人的不认同。

内在性内疚是个体背叛自己的内在本质或背叛自我的一种结果,是一种对自我实现道路的偏离,它证明了自我否定在本质上的合理性。因此,它和弗洛伊德学说的内疚感一样,在文化上不是相对的。内在性内疚是"真实的""理所当然的""公平公正的"或"正确的"内疚,因为它同主体内心深处的某种真实的东西相矛盾,而非同偶然的、任意的或纯粹相对的狭隘主义相矛盾。就这方面来说,产生应得的内在性内疚对个体发展来说是有益的,甚至是有**必要**的。它不是一种病症,需要个体想方设法去避免,而是一种有助于实现真实自我和潜能的内在指引。

12. "恶"的行为主要是指无端的敌意、残忍、破坏性和"低劣的"攻击性。我们对此了解得不够充分。如果敌意的性质达到了类本能的程度,那么人类就会有一种未来。如果敌意只是反应性的(对虐待做出的反应),那么人类的未来会截然不同。我认为,迄今为止,大量证据表明,不加选择的**破坏性**敌意是反应性的,因为暴露疗法使这种敌意得到减少,通过改变它的性质,使它变成"健康的"自我肯定、坚强、选择性敌意、自卫、正当义愤,等等。无论如何,攻击和愤怒的**能力**在所有自我实现者身上都可以找到,当外部环境"需要"这种能力时,他们就能够让它自然地表现出来。

在儿童身上,这种情况要复杂得多。至少我们知道,健康儿童也能做出正当愤怒、自我保护和自我肯定,即反应性攻击。那么,一个儿童可能不仅学会了控制自己的愤怒,也懂得如何去表现以及何时去表现。

在我们的文化中,被称作"恶"的行为也可能来自无知和幼稚的误解和信仰(不管是孩子,还是受压抑或"被忽略的"孩子式成人都会出现这种情况)。举例来说,手足之争起因于孩子想独占父母的爱。等到他成熟之后,才会从大体上明白,母亲给兄弟姊妹的爱,和给自己的爱可以共存。因此,缺乏爱的行为可能起因于孩子式的对爱的看法,其本身不应该受到指责。

不管怎样,被我们的文化和任何其他文化称作"恶"的东西,其实不应被当作恶,本书从更普遍、更广泛人种的观点对之进行了概述。如果人性获得认可和爱,那么许多狭隘的、种族主义的问题就会随之消失。只举一个例子,认为性在本质上是邪恶的,从人本主义观点来看，这种说法纯属一派胡言。

真、善、美、健康或聪明（反向价值）通常会遭到憎恨、厌恶或嫉妒，这大部分（但不是全部）是由丧失自尊的威胁决定的，正如诚实的人给骗子、美女给相貌平平的女孩、英雄给懦夫带来威胁一样。每一个优秀的人都使我们不得不面对自己的缺点。

然而，比这更深刻的，是命运的公平公正的终极存在问题。病人可能会嫉妒健康的人，因为后者不应比他少受罪。

大部分心理学家似乎都认为，在这些例子中，恶的行为是反应性的，而不是本能性的。这意味着尽管"恶"的行为深深植根于人性，很难将之根除，但是随着人格走向成熟，社会得到改善，"恶"的行为有望得到减少。

13. 许多人仍然认为"无意识"、退行和初级过程的认知必然是不健康的、危险的或者邪恶的。心理治疗的经验逐步使我们了解到一些其他的方面。我们的内心深处也是善的、美好的或令人满意的。在对爱、创造力、游戏、幽默、艺术等的根源进行调查后，得出一些普遍性的发现，这些发现也清晰地体现了这一点。它们的根基深深扎根于内在的、更深层的自我，也就是说，扎根于无意识中。为了重新获得并享有运用它们，我们必须要能够"退行"。

14. 如果人的本质核心从根本上不被他人和自己接受、爱和尊重，他的心理就不可能健康（反过来说，就是如果他的本质核心受到尊重等，那么他的心理就一定健康，但这种说法不一定对，因为一些其他的先决条件也必须得到满足）。

未到成熟年龄的心理健康叫作健康成长。成年人的心理健康称呼不一，如自我完成、心理成熟、个性化、生产力、自我实现、可信性、完满人性等。

健康成长在概念上处于从属地位，因为现在通常把健康成长定义为"走向自我实现的成长"等。一些心理学家仅仅根据一个首要目的或目标，或者人的发展倾向，认为所有未成熟的成长现象是通往自我实现道路的唯一步骤（戈尔茨坦，罗杰斯）。

自我实现有各种各样的定义，但得到公认的固定核心还是可以感知到的。所有定义都承认或包含：（1）对内在核心或自我的承认和表述，也就是说，这些潜在能力、潜能、"充分的机能"、人类和个性本质有用性的实现；（2）它们都意味着个体很少出现不健康、神经症、精神病、基本的人类能力或个人能力的丧失或者减损。

15. 出于这些原因，这个时候最好引出并激励这种内在本质，或者至少要承认它，而不是抑制或压抑它。纯粹的自发性由自由的、不受约束的、不受控制的、轻信的和非预谋的自我表达构成，也就是说，由极少受到意识干扰的精神力构成。控制、意志、谨慎、自我批评、衡量和审慎是这种自发表达的制动器，这种制动器在本质上必然由精神世界之外的社会和自然界的法则形成，其次必然产生于心灵自身的畏惧（内在的反能量发泄作用）。从广义上来说，对心灵的控制来自**心灵自身的畏惧**，这基本属于神经过敏或**精神错乱**的症状，在本质上或理论上是不必要的（健康的心灵不可怕，也不令人讨厌，所以没必要对它心存戒心，几千年来就是如此。当然，**不健康**的心灵就另当别论）。这种控制通常能被心理健康、深度心理治疗或**更深度**的自我认识和自我接受所削弱。然而，还有一种对心灵的控制不是起因于畏惧，而是为了保持心灵完整、组织有序和统一（内在的反能量发泄作用）而产生。有些"控制"可能具有另一层面的含义。在实现个体的能力和寻求更高级的表达形式时，有必要用到这种控制。举例来说，艺术家、知识分子和运动员通过勤奋努力获得技巧。但是，当这种控制变成自我时，它会最终实现超越，变成自发性的几个方面。我建议把这种令人满意的和必要的控制称作"阿波罗式的控制"（Apollonizing controls），因为它们不是要使主体对满足带来的期待产生怀疑，而是通过对满足进行组织、美化、定速、设计和增味，来**提升**愉悦，比如在性爱、吃喝等方面。这和抑制、压抑的控制形成鲜明对比。

这样，心理健康和环境健康之间的平衡发生变化，自发性和控制之间的平衡也会发生变化。纯粹的自发性不可能持续长久，因为我们所生活的这个世界有它自己的运行规律，受制于非心灵的法则。在梦境、幻想、爱情、想象和性行为中，在创造性的第一阶段、艺术工作、智力游戏和自由联想中，纯粹的自发性具有存在的可能性。纯粹的控制不可能永久持续下去，因为那样心灵就会消亡。因此，教育必须指向**两个**目标，即对控制和自发性、表现力的培养。在我们的文化中，在历史的这个时期，有必要重新调整天平，多支持自发性，即成为表现的、被动性、意志的、信任意志和控制以外的过程、非预谋、创造性等。然而，有一点必须要认清，在其他文化和其他区域中，天平会或者将会倾向另一边。

16. 现在认为，健康儿童在正常的发展过程中，如果让他自由选择，大多数情况下他会选择有利于成长的事情。之所以这么做，是因为这会使他有不错的体验，感觉良好，产生愉悦或**快乐**。这意味着他比任何人更"了解"什么事对他的成长有益。一个宽容的社会制度，不是说成年人能直接满足他的需要，而是给予**他**能够满足需要的机会，让他自己做出选择，也就是说，任由他去。为了让儿童能够得到更好的成长，成年人有必要对他们给予足够的信任，充分相信成长的自然过程，也就是说，不要过分打扰他们，不要**迫使**他们成长，或者强迫他们按照预定的设计去成长，用一种道家的方式，而不是专横独断的方式让他们自然成长和帮助他们成长。

（尽管道理说起来简单，但这个观点遭到严重的曲解。道家"无为"和尊重儿童的思想对大多数人来说其实很难办到，他们很容易把它理解为放任自流、纵容、过分保护、一味给予、**为他**安排好愉快的活动、使他远离一切危险和禁止冒险。没有尊重的爱和**尊重**儿童自己的内心信号的爱是截然不同的。）

17. 配合对自我、命运和个人召唤的"承认"，得出的结论是：公众达到健康和自我实现的主要途径，是基本需要得到满足，而非受到挫折。这个结论与人性本恶的观点形成鲜明对比，后者强调抑制管理、怀疑、控制和管辖，认为人性深处隐藏着基本的、本能的恶。生命在母体内完全是无忧无虑、没有挫折的。人出生后的第一年最好也能无忧无虑，没有挫折，这个观点目前已得到普遍承认。至少在西方，禁欲主义、克己或对机体需要的刻意拒绝，容易导致机体被削弱、发育不良或者残疾。即便在东方，禁欲之下完成自我实现的少之又少，只有极强大的个体才能做得到。

这个观点常常也遭到误解。基本需要的满足常常被理解为获得客观物体、物质、财产、金钱、衣服和汽车，等等。然而，人在身体需要得到满足后，并不能通过这些东西来满足他们的其他基本需要，这些需要包括（1）保护、安全和保障；（2）在家庭、团体、宗族和同事中的归属感，友谊、感情和爱；（3）尊重、敬重、赞许、尊严和自尊；（4）充分利用和开发天资和能力的自由和自我实现。这看似简单，但世界上的任何地方都很少有人能真正理解它的含义。因为最低级、最迫切的需要是物质需要，比如食物、住所和衣服等，人们倾向于把基本需要概括为侧重物质主义的心理动机，忘记了更高级的非物质需要，而这些需要也是"基本"需要。

18. 但是，我们也知道，**完全缺乏**挫折、痛苦或威胁是危险的。一个人要想变得坚强，就必须具有挫折耐受力、理解物质现实在本质上与人类的愿望无关、学会爱他人、对他人的需要得到满足的喜悦感同身受（而不是把他人仅仅当作一种手段）。儿童在安全感、爱和尊重需要得到满足的良好基础上，能够从适度的挫折中受益，从而变得更加坚强。如果挫折超过他的承受力，将他压垮，这样的挫折称为创伤性挫折，我们认为它们弊大于利。

在物质现实、动物和他人的重重阻挠下，我们才能了解**它们的**本质，从而学会区分愿望和事实（哪些事物有希望变成现实，哪些事物毫无实现的希望），只有这样，才能使我们在这个世界上生活下去，并且在必要时适应它。

通过克服困难、竭尽全力、面对挑战和困境，甚至通过失败，我们还能够了解到自己的长处和短处，并做到扬长避短。在做出巨大努力的过程中可以获得强烈的愉悦感，这种感觉会取代恐惧。此外，这是满足健康自尊心的最佳途径，这种自尊心不仅建立在获得他人认可的基础上，还依据实际成就和功绩以及随之产生真实的自信心而形成。

溺爱意味着孩子的需要由他父母来替他满足，而不是通过自己的努力获得。这种溺爱容易把孩子当作婴儿来对待，使他自己的能力和意志力得不到发展，变得缺乏主见。有一种溺爱的方式教会孩子利用别人，而不是尊重别人。另一种溺爱的方式意味着对孩子自己的能力和选择缺乏信任和尊重，也就是说，从本质上是对孩子的一种贬低和侮辱，会使孩子觉得自己一无是处。

19. 为了促进成长和完成自我实现，必须认识到，能力、器官和器官系统迫切想发挥作用，想表现自己，希望得到使用和锻炼。得到使用就感到满意，得不到使用就感到恼火。身强力壮的人喜欢锻炼肌肉，这种锻炼**也确实**为了使自己"感觉良好"，获得和谐的、成功的、行动不受拘束（自发性）的主观感受，这些是实现健康成长和心理健康的一个相当重要的方面。对于智力、子宫、眼睛和爱的能力，情况也是如此。能力迫切呼吁被派上用场，只有得到使用，它们才会消停。也就是说，能力也是一种需要。运用自己的能力不仅能带来乐趣，而且对成长来说也是必不可少的。技巧、能力或器官得不到使用，会成为人生病的根源，要么这些东西会萎缩或消失，从而削弱这个人。

20. 心理学家继续假设：关于他的目的有两个世界，两个现实，自然的世界和精神的世界，不屈的现实世界和意愿、希望、恐惧、情感的世界，一个按照非精神法则运行的世界和一个按照精神法则运行的世界。除非在其极端情况下，这种区别不甚明了，毫无疑问，幻想、胡思乱想、自由联想都是合乎法则的。然而，这全然不同于逻辑法则和假设人类物种逐渐消亡但它仍然存在的世界法则。这个设想并不否认两个世界的关联性，甚至两个世界可能是融合在一起的。

我可以说，**许多**或**大多**数心理学家都采纳这个设想，即使他们非常愿意承认这是一个难以解释的哲学问题。任何一位临床医学家都**必须**如此设想，否则就要放弃他的职责。这是心理学家绕开哲学难题而行动的典型方式。"好像"某些假设都是真实的，即使它们是无法证实的，例如"责任心""意志力"等普遍的假设。健康的一个方面就是要具备同时生活在这两个世界中的能力。

21. 不成熟可以从动机的视角，即按照匮乏性需要满足的适当顺序来与成熟进行对比。从这个视角来看，成熟或自我实现，意味着超越了匮乏性需要。话说回来，这种成熟状态既可以被描述为衍生动机或非动机的（如果匮乏被看作唯一动机的话），也可以被描述为自我实现的、存在的、表现的而不是模仿的。这种存在而不是力争的状态，被认为是自我、"真实不做作"、成为一个人、成为完整的人的同义词。成长的过程就是**成为**一个人的形成过程，与一个人的**存在**不同。

22. 我们也可以从认知能力的角度（而且还可以从情感能力的

角度）把不成熟和成熟区别开来。维纳（171）和皮亚杰[1]曾经出色地描述过不成熟的认知和成熟的认知。现在，我们可以在匮乏性认知和存在性认知之间找到另一个区别。可以把匮乏性认知定义为一种从基本需要或匮乏性需要以及它们的满足和受挫的角度形成的认知。也就是说，匮乏性认知可被称作利己认知，在这种认知中，世界被纳入自身需要的满足组和受挫组，世界的其他特点遭到忽略或掩盖。我们对客体的认知，按照它的自身实际和存在进行，不涉及需要满足或需要受挫的特征，即基本上不涉及客体对观察者的价值，或者它对他产生的作用，这样的客体认知可被称作存在性认知（或者超越自我的认知、非利己的认知或客观认知）。成熟的并行物并不是完善（儿童也能以无私的方式进行认知）。不过，随着个性的日益增长或个体同一性的日益稳固（或者一个人对内在本质的接受），存在性认知变得越发容易，也越发频繁出现。事实大体如此（即便匮乏性认知对于包括成熟的人在内的**所有**人来说，都是在世界上生存所必需的主要工具，情况也是如此）。

在观察客体真实的、本质的或内在的整体性质（没有遭到抽象分裂）时，就这个方面来说，知觉达到无欲无畏的状态时，它也就达到了更为真实的状态。因此，客观目标和任何对现实的真实描述都会受到心理健康的促进。从神经症、精神病和成长障碍的角度来看，他们的问题都出在在知觉、学习、记忆、注意力和

---

1 马斯洛在他的参考书目中没有列出让·皮亚杰的任何著作。他引用到的这段描述可能出自皮亚杰的《儿童的语言与思维》【*The Language and Thought of the Child*（New York: Harcourt Brace, 1926）; New York: Humanities Press, 1959】和《儿童的世界概念》【*The Child's Conception of the World*（New York: Harcourt Brace, 1929）】。

思维方面患上了认知疾病。

23. 认知在这方面的一个副产品，就是更好地了解高级爱和低级爱。匮乏爱，可以在匮乏性认知和存在性认知、匮乏动机和存在动机大致相同的基础上，同存在爱区别开来。如果和他人没有建立良好的关系，就可能没有存在爱，儿童尤为如此。存在爱和它所蕴含的道教信任态度一样，对教育必不可少。从我们和自然界的关系可以看出，这一点确凿无疑，也就是说，我们可以按照自然界的实际情况来对待它，也可以用这种态度看待自然界，就好像它为我们的目的而存在一样。

这里需要注意的是，在内心世界和人际关系之间存在着许多差异。到目前为止，我们花费大量笔墨谈论自我，没有提及人与人之间的关系以及大小团体内部的关系。我在前面提到过普通人的归属需要，这种需要包括对团体、相互依赖、家庭、朋友和兄弟情谊的需要。从锡南浓村[1]、伊萨兰型教育[2]、嗜酒者互戒协会、

---

[1] 锡南浓村是20世纪六七十年代崇尚"精神控制"的异教团体，冒充是人类潜能运动的一个分支。马斯洛在20世纪60年代早期和中期兴奋地发现锡南浓村，这个团体甚至在法庭上为自己作证。然而，1966年1月，在锡南浓村度过一个周末后，他开始意识到，"人的潜能"外观下隐藏着一个相当丑陋的现实。他还甚至发现"俱乐部"的创办人查理斯·迪德瑞克"要求锡南浓村的所有人都服从命令。他是我见到过的最强大的人——独裁、绝对强悍且精力旺盛。一种本质的力量像地震一样……绝不直言不讳、坦白和不妥协。"（引自理查德·劳瑞主编的《亚伯拉罕·马斯洛日记》卷1, p.585）。锡南浓村的故事到1980年发展到高潮，当时迪德瑞克和两名会员在洛杉矶高等法院对于串通谋杀的指控没有提出异议。在这次事件中，所使用的武器是1.4米长的响尾蛇，这条响尾蛇被放在受害者的邮筒里，听凭迪德瑞克的指挥。

[2] 美国加利福尼亚州大苏尔地区的伊萨兰学院，"作为一个教育中心，致力于开发未被实现的人的潜力"，建立于1962年。

训练组和交友小组，以及许多基于兄弟情谊的小型互助组中，我们反复认识到，人基本是社会的动物。当然，强大的个体最终有必要超越团体。不过，必须认识到，这种超越的力量也要依靠团体才能在个体身上发展起来。

24. 尽管在原则上，自我实现很容易办到，而实际上却很少有人能达到（按照我的标准，在成年人口中达到的人数肯定不超过1%）。对于这一点，不同水平的论述提出数不胜数的原因，包括心理学的所有为我们所知的决定因素。我们已经提到过一个重要的文化原因，也就是说，相信人的内在本质是恶的或者危险的，认为它是一个使人难以实现自我成熟的生物决定因素，即人类不再具有能明确告诉自己何时、何地做什么和怎么做的强烈本能。

这里有两种看法，它们之间存在着微妙但极端重要的差别，一种把精神病看作是对自我实现成长的阻碍、逃避或恐惧，另一种以医学方式来看待精神病，认为它类似于肿瘤、毒物或细菌，从外部入侵，和被入侵的个性没有关系。说一个人被削弱（人的潜能和能力丧失），比说他"生病"更有用，更具有理论意义。

25. 成长不只是会带来回报和愉悦，还经常会产生许多内在痛苦。每向前走一步，就向未知地带迈进了一步，而且可能是危险的一步。成长意味着放弃某些熟悉的、美好的和令人满意的东西，常常表示分开和离别，甚至某种涅槃重生，最终使人感到怀旧、恐惧、孤独和哀伤。成长还常常意味着放弃简单、轻松、不那么费力的生活，取而代之的是要求更高、责任更大、困难更多的生活。在前进的成长道路上，**不要**患得患失，这个过程需要勇气、意志、抉择和力量，还需要从外部环境中获得保护、许可和鼓励，对儿童来说尤为如此。

26. 因此，把成长或缺乏成长看作一种介于成长驱动力和成长抑制力（退行、恐惧、成长的痛苦或无知等）之间的辩证合力是有用的。成长有利有弊。不成长亦是如此。未来在前方牵引，但过去也在背后推动。成长不仅需要勇气，也要克服恐惧。原则上，健康成长的理想方式是，提升有利于成长的所有优势和使人不成长的劣势，减少不利于成长的劣势和使人不成长的优势。

自我平衡的倾向、"需要削减"倾向和弗洛伊德的防御机制，都不是成长倾向，相反，有机体常常保持一种防御性的、减少痛苦的姿态。但是，这些倾向十分有必要存在，它们并非总是病态的倾向，通常比成长倾向更具有优势。

27. 这一切都蕴含着一个自然主义的价值体系，一种依据经验描述人类物种和特定个体内心深处倾向的副产品。通过科学或自我探索对人类进行研究，可以发现他的前进方向、生活目的、什么对他有利或有弊、什么让他感到心安理得或内疚、为什么扬善通常很难办到以及恶的吸引力究竟是什么，等等（注意，不必使用"必须"一词。此外，关于人的知识对人来说只是相对的，并没有"绝对"意义）。

28. 神经症不是内在核心的一部分，而是对内在核心的一种防御、逃避或歪曲表现（在恐惧的掩盖下）。神经症通常是一种努力和恐惧的折中物，通过努力，主体用一种隐秘的、伪装的或适得其反的方式来寻求基本需要的满足，而对这些需要、满足和动机性行为又产生一种恐惧。神经症患者在表现需要、情感、态度、定义和行为等时，**并不**意味着表达的是内在核心或完全真实的自我。如果施虐狂、剥削者或性反常者说："为什么我不该表现我自己（比如杀人）"，或者"为什么我不该实现我自己"，回答是这类表现是否定的，不是出自内在倾向（内在核心）的表现。

对这个人来说，每个神经症的需要、情感或行为，都是一种**能力的缺失**，他不通过鬼鬼祟祟、令人不满的方式，就不能或**不敢**做某事。此外，他通常已经丧失了主观幸福感、意志、自我控制感、快乐的能力、自尊等。作为一个人，他已被削弱。

29. 我们正在发现，缺乏价值体系的个体状态是导致精神病的原因。人为了生存和理解，需要一个由价值、人生哲学、宗教或宗教替代物构成的框架，这和他需要阳光、钙或爱具有大致相同的意义。关于这一点，我称为"理解的认知需求"。由价值贫乏感引发的价值病多种多样，分别被称作快感缺乏、道德失范、冷漠、道德意识缺失、绝望、玩世不恭，等等，这些价值病也可能演变成身体上的疾病。我们在历史上正处在价值转型期，所有外在的价值体系（包括政治的、经济的和宗教的等）都被证明已经失效，比如说，没有什么值得为之去死。人需要而得不到的东西，会令他不断去追求，他变得危险起来，随时会为**任何**不论善恶的愿望赴汤蹈火。这种疾病的治疗方法显而易见。我们需要一个有效的、可用的人类价值体系，我们能够信仰它，并为它献身（愿意为之去死），因为它是真理，而不是因为我们被告知要"相信并信仰它"。如今，这种基于经验的世界观似乎真的有可能存在，至少在理论上是如此。

可以把儿童和青少年遇到的许多困扰理解为成人价值观不确

定带来的后果。因此,在美国,许多年轻人按照青少年的价值观,而不是成人的价值观来生活,这种价值观当然不成熟和无知,很大程度上取决于青少年混乱的需要。对这些青少年价值观的一个很好的投射,就是牛仔、"西部"电影或青少年犯罪团伙(105)。

30. 在自我实现层面,许多二分体被分解,对立面被看作一个统一体,而整个二分法思维方式被认为是不成熟的。自我实现者,具有强烈的倾向把自私和不自私融合为一种更高的、上一级的统一体。这种人工作和游戏一样轻松,职业和业余爱好变得没有区别。当工作变得愉快,并能被愉快地完成,它们就不再彼此分离或对立。最高级的成熟显示出一种孩子般的特征,我们发现健康的儿童具有一些成熟的自我实现特征。自我和所有其他事物之间的这种内外分离变得模糊不清,非常不明显,在人格发展的最高层面,它们互相渗透。如今,二分法似乎是人格发展和心理功能在较低层面的特征,它既是精神病的致病原因,也是其带来的影响。

31. 在自我实现者身上,有一个特别重要的发现,他们倾向于整合弗洛伊德的二分法和三分法,即意识、前意识和无意识(正如本我、自我和超我)。弗洛伊德的"本能"和防御机制不那么尖锐地彼此对立了。冲动更多地被表现出来,较少受到控制;而控制又不那么严格、固定不变、引发焦虑。超我变得不那么苛刻严厉,较少和自我对立。初级和次级认知过程变得同等有效,同等重要(取代了污蔑初级过程是病态的观点)。的确,在"高峰体验"中,初级过程和次级过程之间的壁垒轰然倒塌。

这和弗洛伊德早期的主张形成鲜明对比，弗洛伊德当时认为，各种各样的力量明显被二分化：（1）互相排斥；（2）利益相互对抗，也就是说，作为对抗性力量而不是互补或合力存在；（3）一方"胜过"另一方。

另外，我们在这里（偶尔）包含一种健康的无意识和可取的退行。而且，我们也包含一种理性和非理性的综合体，可以推断，在合适的情况下，非理性或许也可以被看作是健康的、可取的或者必不可少的。

32. 在另一方面，健康人是更加整合的。在他们那里，意向、认知、情感和运动彼此分离较少，协同较多，也就是说，为一个共同的目的而协同工作，彼此不相冲突。他们经过理性、谨慎的思考得出的结论，和在盲目欲求下得出的结论容易保持一致。这类人需要的和喜欢的东西恰好是对他有益的那些东西。他的自发反应就像预先经过慎重思考才做出的一样，显得恰如其分、有效而正确。他的感觉和运动能力相互紧密关联。他的感觉形态彼此联结更为紧密（相貌知觉）。此外，我们还发现古老的理性主义体系中存在的困难和危险，在这些体系中，能力被按照二分式分成不同的等级，理性被置于顶端，而不是处在一个整合体中。

33. 对健康的无意识和健康的非理性概念的发展，增强了我们对纯抽象思维、言语思维和分析思维的局限性的认识，如果我们希望充分地描述这个世界，那么有必要为前语言的、不可言喻的、隐喻性的初级过程、具体经验的、直觉的和审美的认知形式预留位置，因为现实的某些方面无法通过其他方式被认知。即便在科学上这种说法也是正确的。现在我们知道：（1）创造性的根基寓于非理性之中;(2)对于描述整个现实来说,语言是不充分的,而且将永远如此;(3)任何抽象的概念都会遗漏许多现实;(4)被我们称作"知识"的东西(它通常高度抽象、言语化、定义严格)常常使我们看不到没有被抽象包含的那部分现实。也就是说,知识使我们更能看到某些东西,但是又使我们**更少**看到其他东西。抽象知识有利有弊。

科学和教育因太过抽象、言语化和书本化,没有为原始的、具体的、审美的体验,尤其是自我内在的主观事物保留足够的位置。举例来说,机体心理学家肯定会赞同,在理解和创作艺术中,在舞蹈、体育运动(希腊式的运动)和现象学观察中,需要更具有创造性的教育。

抽象思维和分析思维的最高状态,就是最大可能地做出简化,即制作准则、图表、地图、蓝图、计划、草图和某种形式的抽象画法。从而,我们对世界的掌控力得到提升,但是,除非我们学会尊重存在性认知、带有爱与关怀的认知、自由漂浮的注意力以及所有能丰富而不是削弱经验的事物,否则作为代价,我们可能会失去世界的丰富性。"科学"不应被扩展到将两类知识都包含进来,这种说法没有道理(262,279)。

34. 更健康的人进入无意识和前意识的能力,使用和尊重而不是畏惧初级过程,接受而不总是抑制冲动,能够毫无畏惧地自愿退行,这些都是培养创造性的一个主要条件。基于此,我们可以理解为什么心理健康和某种普遍形式的创造性(特殊才能除外)有着密切的联系,以致有些作者几乎把心理健康和创造性看作同义词。

心理健康和理性与非理性力量（意识和无意识，初级过程和次级过程）的整合，这两者之间也具有这种联系，这使我们能够理解为什么心理健康的人更容易去享乐、去爱或者去嬉笑逗弄，他们更幽默、更天真、更异想天开、想象力也更丰富，而且也更喜欢"疯狂着迷"。一般说来，在普通情况下，他们容许、尊重和享受情感体验，而在特殊情况下，则是容许、尊重和享受高峰体验，而且经常有这样的体验。这使我们强烈怀疑**万能式**的学习是否真的能帮助儿童健康成长。

35. 审美感知、审美创造和审美高峰体验被看作是人类生活、心理学和教育的一个核心部分，而不是边缘部分。这一点千真万确，原因有几点：（1）所有高峰体验都是（包括其他特征）个人内部的分裂、人和人之间的分裂、世界内部的分裂以及人和世界的分裂的整合化。由于健康的一个方面是整合，所以高峰体验也就是向健康的前进，其本身也是一种健康，一种短暂的健康。（2）这些体验是对生活的一种证实，也就是说，它们使生活变得有意义。它们无疑可以作为回答"为什么我们都不自杀"这个问题的重要部分。（3）高峰体验本身就是有价值的，等等。

36. 自我实现并非意味着超越所有人类的问题。在健康的人身上，冲突、焦虑、挫折、悲哀、创伤和内疚全部存在。通常来说，从神经质的假问题到真实的、不可避免的、存在主义的问题的运动，是一个日渐成熟的运动，对于生活在特定社会的人来说，这种运动是他的本质所内在的。尽管他并非神经质，但是也可能会被真实的、合乎需要的、必要的内疚所困扰，这种内疚和神经质的内疚完全不同，后者不可取，也不必要。换言之，他会受到内在良知的困扰（而不是弗洛伊德的超我）。即使形成问题已被超越，但存在问题仍然保留。**应当**感到困扰的时候毫无所感，这可能是疾病的预兆。有时候，自命不凡的人只有在受到惊吓时才会"**恢复理智**"。

37. 自我实现并不是一个完全普遍的概念。它要通过女性特征或男性特征的实现才能完成，这种实现优先于普遍意义的人性。也就是说，一个人首先必须是健康的、具有女性特征的女人，或者具有男性特征的男人，这个作为一般意义的人才有可能完成自我实现。

还有一个证据证明，不同体质的人，完成自我实现的方式有所不同（因为他们实现的内在自我各不相同）。

38. 人格和健全人性健康成长的另一个关键方面，是逐渐减少儿童使用的技巧。处在弱小状态的儿童，为了适应全能强大的、无所不知的、神一般的大人，才采用这些技巧。他必须用强大而独立的技巧来取代儿童式技巧，并且自己也已为人父母。他尤其需要抛弃独占父母的爱的那种强烈愿望，学会去爱别人。他必须学会满足自己的而不是父母的需要和愿望，也必须依靠自己来满足，而不是依靠父母来替他满足。他不再需要出于畏惧和为了得到父母的爱而装好人，而是必须是**他**真心希望变好。他必须发现自己的良知，不再把父母的观点内在化，作为唯一的道德指南。他必须担当起责任，而不是依赖别人，并且有希望能够享有这种责任。对儿童来说，所有以弱小适应强大的技巧都是必不可少的，但对大人来说，这么做显得不成熟，发育不全（103）。他必须用勇气取代恐惧。

39. 从这个观点来看，社会或文化可能会促进成长，也可能会阻碍成长。成长和人性的根源在本质上来自个人本身，而不是由社会创造或发明。社会只会帮助或阻碍人性的发展，就像园丁能帮助或阻碍蔷薇丛的生长，但不能使蔷薇长成一棵橡树。即便我们知道，文化是实现人性（例如获得语言、抽象思维和爱的能力）的**必要条件**，这的确没错，但这些根源作为潜能先于文化存在于人的种质（germ plasm）中。

这使得超越包括文化相对论在内的比较社会学在理论上成为可能。"更好的"文化满足了人的所有基本需要，使自我实现得以完成。"较贫乏的"文化做不到这一点。教育也是如此。教育如果能促进成长朝着自我实现的方向发展，就这个方面来说，这种教育就是"好"的教育。

当我们谈到"好的"或者"坏的"的文化，把它们看作一种手段，而不是目的，那么"适应"的概念就成为值得讨论的问题。我们必然会问："什么类型的文化或者亚文化是'适应能力强'的人能够**去**适应的？"毫无疑问，适应和心理健康不是必然的同义词。

40. 自我实现（在自主意义上的）的完成，使人**更有可能**超越自我，超越自我意识和自我中心，这看似矛盾，实则不然。它**使人更容易**成其为人，也就是说，使他并入比他更大的整体中去（6）。完全的人化状态是充分的自主，在某种程度上，反之亦然，一个人只有经过成功的人化体验（儿童般的依赖心、存在爱和关爱他人，等等）才能获得自主性。这里有必要谈论人化的层次水平（越来越成熟），区分"低级人化"（恐惧、软弱和退行）

和"高级人化"（勇气和完全的、充满自信的自主性）、"低级涅槃"和"高级涅槃"、趋向衰退的统一和趋向进步的统一（170）。

41. 下述事实提出一个重要的存在主义的问题，即自我实现者（以及在高峰体验中的**所有**人），尽管**通常**他们生活在外在世界中，但偶尔生活在时代或世界之外（不受时间和空间限制）。他们生活在内在的心灵世界里（主导这个世界的是心灵法则，而不是外在世界的法则）。也就是说，生活在体验、情感、愿望、恐惧、希望、爱、诗歌、艺术和幻想的世界中，这与生活在非心灵的现实世界并适应这个世界有所不同，尽管他们依靠现实世界的统治法则生存，但他们从未参与制定，这些法则对他们的本性而言也并不重要（他们毕竟还**可以**生活在其他类型的世界上，比如任何科幻小说爱好者都知道的科幻世界）。一个人如果不害怕这种内在的心灵世界，就可以在这个世界里尽情享受，甚至可以把它当作天堂，和更艰苦劳累的、需要承担外部责任的"现实世界"形成对比，这个现实世界充满努力与竞争、对与错、真理与谬误。的确，即便更健康的人，能够更加轻松愉快地适应"现实"世界，经历过更好的"现实考验"，也不会把现实世界和他们的内在心灵世界混淆起来。

显然，混淆内在世界和外在现实，或者把任何一个现实与经验阻隔开来，都是一种严重病态的反应。健康的人能够将两种世界整合到自己的生活中去，没有放弃其中的任何一个，能够进退自如。这如同一个人能够访问贫民窟和被迫一直住在那里的差别（如果我们无法摆脱的话，**每个**世界都是一个贫民窟）。那么，那些患病的、病态的和"最低级的"东西会变成人性中最健康的、

"最高级的"的一部分。滑入"狂热",不过是指那些对自己心智是否健全没有多大信心的人受了惊怕罢了。教育应该帮助这类人生活在两个世界中。

42. 上述命题在心理学中形成一种对行为作用的不同理解。有目的的、有动机的竞争、努力和有目的的行为是心灵世界和非心灵世界必须建立交往的一个方面或者副产品。

(1) 匮乏性需要的满足来自人的外在世界,而不是内在世界。因此,人必须适应外在世界。举例来说,通过现实检验,认识世界的本质,学会区分外在世界和内在世界,了解人和社会的本质,学会延迟满足,学会隐藏危险的东西,了解世界的哪些部分是令人满意的,哪些部分是危险的,或者对于满足需要没有用处,了解哪些受到认可和允许的文化途径能够实现满足以及实现满足的技巧。

(2) 世界本身美丽迷人,丰富多彩,充满趣味。探索世界、操纵它、与它游戏、思索它或享受它,都是被动机驱动的行为(认知、运动和审美需要)。

但是,有的行为从一开始就和这个世界没有多大关系,或者几乎没有关系。有机体对本质、状态或力量（功能性兴趣Funktionslust）的纯粹表现是对存在而不是努力的一种表现（24）。思索或享受内在生活不仅本身是一种"行动"，而且和外部世界构成一种对立，也就是说，它使肌肉活动处于静止和平息的状态。等待的能力也是能够延迟行动的一个特例。

43. 从弗洛伊德那里，我们了解到，人的过去存在于**现在**之中。如今，我们应当从成长理论和自我实现理论中认识到，未来也存在于**现在**之中，以理想、希望、职责、任务、计划、目标、未实现的潜能、使命和命运等形式存在。一个人的现在若没有未来存在，就会进入空虚无望的有形世界。对他来说，时间就会变得无限"充足"。努力常常是大部分活动的组织者，当努力失败，会使人陷入无组织和非整合的状态。

当然，处在存在状态不需要未来，因为未来已经**存在**。然后，形成过程暂时停止，它的本票就是以最终酬金为形式的现成回报，也就是高峰体验。在高峰体验中，时间消失，希望得以实现。

# 附录一　我们的出版物和专题会议适合这些个人心理学吗？

这些非正式讲话在正式发表前，先作为演讲稿在精神分析促进会（Advancement of Psychoanalysis）于1960年10月5日在纽约召开的卡伦·霍妮纪念会上发布。此处与演讲内容有关，因为它们适合被写入"未来的任务"这一部分。

几个星期以前，我突然看到自己是如何将我的健康与成长心理学和格式塔理论的一些方面进行整合的。一些困扰我多年的问题都逐个得到解决。这是一种高峰体验的典型实例，这种体验所持续的时间比预期的还要长。大风暴（工作完成）过后，头脑中轰隆隆的感觉持续了数日，最初的那些洞察产生一个又一个含义，出现在脑海里。由于我习惯在纸上进行构思，我将整个过程写了下来。接着，我想抛开为这次大会所做的教授性论文。在这里，真实的、逼真的高峰体验在自由驰骋，这种体验很好地显示了各种各样的观点，我将把它称作强烈的或深刻的"同一性体验"。

然而，由于这种体验如此私密，如此不同寻常，我发现我极不情愿公开将这篇文章大声宣读出来，也不打算这么做。

不过，对这种不情愿的自我心理分析使我发现一些我想谈论的问题。这种发现不"适合"写入这类演讲稿中，不适合在大会或专题讨论会上发表或陈述，这就产生了一个问题："为什么不合适？"在学术会议和科学杂志上，是什么使这种个人真理和某些表现形式的发表变得不"适当"或者不"恰当"？

这个问题的答案很适合在这里做一番探讨。在这次会议中，我们朝着现象的、经验的、有关存在的、独特的、无意识的、私人和强烈的个人的方向摸索，但是，我清醒地认识到，我们试图在固有的知识氛围或框架下这么做，这就显得很不适当，不受人支持，甚至连我都反对这么做。

我们的杂志、书籍和专题讨论会主要适合交流和探讨理性的、抽象的、逻辑的、公众的、非个人的、以法律为依据的、可复验的、客观的和非感情的事物。因此，他们所假定的正是我们"个人心理学家"试图改变的事物。换句话说，他们用未经证实的假定来辩论。一个结果就是，作为临床心理学家或自我观察者，**假定**主客体分裂，**假定**我们超然孤立、置身事外，**假定**我们（以及认知的主体）对观察到的行为无动于衷，不会因此而改变，**假定**我们能够把"我"和"你"分离开来，**假定**所有的观察、思考、表达和交流都必须保持冷酷，丝毫不掺杂一丝温情，**假定**认知只会被情感所污染或扭曲，那么我们仍然迫于学术规则，像探讨细菌、月亮或小白鼠一样探讨我们的个人体验或患者的体验。

简言之，我们不断尝试用非个人的科学的标准和习俗来对待我们个人的科学，但我确信，这是行不通的。我也非常清楚，我们有些人所建构的科学革命（就像我们建构的科学哲学大到足够容纳经验知识）必须按照精神交往的习俗来扩展自己（262）。

我们必须详细地说明我们所隐约接受的一切，我们所做的这类工作常常要靠内心去感受，来自个人的内心深处，有时我们和研究对象融为一体，而不是同他们隔离开来，我们通常深陷其中，如果不想出错，我们就**必须**做到这一点。我们还必须坦然接受并袒露深刻的真相，也就是我们的"客观"工作同时也是主观的，我们的外在世界常常与我们的内在世界是同构的，我们用"科学"去解决的"外在"问题常常也是我们自己的内在问题。而在原则上，最广义地说，我们对这些问题的解决方案也是一种自我疗法。

对我们这些个人的科学家来说，这一点**尤为如此**，但在原则上，对所有非个人的科学家也是如此。从恒星和植物中寻找秩序、规则、控制、可预测性和可理解性，常常和寻求**内在**秩序、规则等是同构的。非个人的科学有时也是对内在失序和混乱的一种逃避或防御，或者对付恐惧失控的一种办法。或者，更普遍说来，非个人的科学可以是（我发现也常常**是**）对个人的内在人格和他人的内在人格的一种逃避或防御，对情感和冲动的一种厌恶，甚至有时是对人性的一种厌恶或者恐惧。

对个人的科学的研究试图建立在和我们的发现背道而驰的基础上，显然是不明智的。我们不能指望用严格的亚里士多德式哲学框架去研究非亚里士多德哲学。我们不能只用抽象工具去研究经验知识。同样的，主客体分裂也阻碍了它们的融合。二分法妨碍了整合的形成。理性、言语性和逻辑性是真理的唯一语言，这也使我们无法对非理性和诗意的、虚构的和模糊的初级过程以及梦一般的事物进行必要的学习。[1] 古典的、非个人的和客观的方法虽然能够很好地解决一些问题，但对这些新的科学问题却**无能为力**。

我们必须帮助"科学的"心理学家认识到，他们进行研究的基础是一门具体的科学哲学，而不是广义的科学哲学，**任何**科学哲学都有排外功能，都会妨碍或阻碍他们的研究，而不是起帮助作用。对**所有**人的**所有**经验应当进行开放研究。**没有什么问题**，甚至"个人的"问题不需要被纳入对人类的研究中去。否则，我们就把自己逼到一个很愚蠢的位置上，就像一些行会的做法一样；打个比方说，在那些行会中，只有木工接触木头，且木工也只接触木头，更别说如果木工**要**接触某样东西，那么**根据事实**它就是木头，光荣的木头。那么，如果出现新的材料和新的方法，那么一定是惹人心烦的，甚至带来威胁和灾难，而不是机会。我还提到过，原始部落必须把每一个人纳入亲属体系中。如果新来者无法被纳入进来，那么唯一的解决办法就是把他杀死。

我知道，这些言论可能很容易被误解为是对科学的一种攻击。其实不然。相反，我建议扩大科学的研究范围，这样就能把个人的和经验的心理学问题和数据纳入科学领域。许多科学家放弃了这些问题，认为它们是"非科学的"。然而，把这些问题留

---

[1] 举例来说，我觉得我在这里所力求表达的一切，索尔·斯坦伯格 1959 年在《纽约客》中所做的一系列著名的插图表现得更好。在这些"存在卡通"中，这位出色的艺术家一个词也没使用。但是想一想，它们如何与一本"严肃的"杂志中的一篇"严肃的"文章的参考书目相适应，或者就此而言，如何与这次会议的论题相适应，甚至会议的主题和画家的主旨是一样的，也就是"同一性与异化"。

给非科学家去研究，也就意味着支持将科学界和"人文科学"界分离开来，这种分离给两者都造成了严重后果。

至于新型沟通方式，很难准确做出猜测。无疑，相比偶尔从有关精神分析的文献中有所收获，我们应该了解更多的东西，换句话说，从对移情和反移情的探讨中获得收获。我们必须接受更为独特具体的期刊论文，传记或自传都可以。很久以前，约翰·多拉德在他的著作《一个南方小镇的社群与阶层》（Caste and Class in a Southern Town）的序言中，对自己的偏见做过一番分析。我们也必须学会这么做。当然，我们应当通过"被治疗"的人记录下更多精神疗法的经验教训，像马里恩·米尔纳的《论无法绘画》（Not Being Able to Paint）中那样做更多的自我心理分析，像尤金尼亚·汉斯曼一样记录下大部分历史案例，或者逐字记录下所有类型的人际交往。

然而，最困难的问题还是，从这种压抑现状来判断，我们的期刊将逐渐开放，接受一些以狂热的、诗意的或自由联想的风格写成的文章。有些探讨真理的交流方式用这种风格描述最好不过，比如说，高峰体验的任何感受。尽管如此，这对任何人来说都不容易。我们需要最精明能干的编辑，来完成这项艰巨的工作，对有科学价值的文章和大量没有价值的垃圾文章做出区分，随着大门的打开，这样的文章将很快大量涌入。我只能建议，要谨慎尝试。

# 附录二 规范社会心理学具有可能性吗？

1967年，我被要求为1962年由我所著、1965年出版的《优心态管理》(Eupsychian Management)日文译本写序。我意识到在第一个版本中有点回避和含糊其词，现在我确定规范社会心理学具有存在的可能性，我可以肯定地这么说。

显而易见，本书是一本规范社会心理学书籍。也就是说，本书认为对价值的追求是社会科学的一个基本的、可行的任务。因此，这与正统理论是截然对立的，后者将价值排除在科学研究范围之外，宣称价值实际上无法被发现或者揭示，而只能由法令和非科学家来武断地进行规定。

这并不意味着本书和传统的、价值无涉的科学或者纯粹的描述性社会科学背道而驰。确切地说，本书在试图将它们包括在更广泛而全面的人文科技概念之中，这种概念完全建立在这样一种认知的基础上，即认为科学是人类本性的副产品，能促进人类本性的实现。从这个观点来看，一个社会或这个社会的任何机构都具有促进或妨碍个体自我实现的特征( 259 )。

在本书中，一个基本问题就是，什么样的工作环境、什么样的工作类型、什么样的管理模式和奖励或薪酬制度能够有助于人性健康地成长到更好的状态，达到至善的境界？也就是说，什么样的工作环境对于实现个人追求最有利？但是，我们可以反复思考并提问，诚然一个相当繁荣的社会和相当健康或正常的人，后者的大部分基本需要——对食物、住所、衣物等的需要都理所当然得到满足，那么这样的人如何基于自己的利益，帮助一个组织促进目标和价值的实现？应该如何对待他们？他们在什么样的环境下工作最出色？什么样的奖酬方式（无论非货币的还是货币的）使他们工作更有成效？他们什么时候会觉得那是**他们**的组织？

令许多人感到吃惊的是，越来越多的研究文献清楚地表明，在某种"团结协作"的工作环境下，有两种类型的善：个体的善和社会的善，两者离得越来越近，直到变得同步，而不是相互对抗。优心态工作环境常常不仅有利于实现个人追求，而且还有利于组织（工厂、医院、大学等）的兴旺与繁荣，对组织提供的产品或服务的数量和质量也同样有利。

接着，可以用一种新的方式去探讨管理问题（在任何组织或社会）：如何在组织中建立一些社会环境，使得个体的目标与组织的目标融为一体。它何时可能？何时不可能？或者有害？是什么力量促使社会和个体协同合作？另一方面，是什么力量增加了社会和个体之间的对抗？

这些问题显然涉及个人和社会生活、社会、政治学和经济学理论，甚至哲学最深刻的问题。举例来说，我最近发表的《科学心理学》论证了对人文科学的需要和这门科学存在的可能性，它超越了价值无涉的、机械形成论的科学[1]对自我施加的限制。

也可以假定，基于不完整的人类动机理论的古典经济学理论，也能通过接受人的生物现实来实现变革，这种生物现实指人类有较高级的需要，包括自我实现的冲动和对最高价值的热爱。我相信，对政治科学、社会学和所有人文社会科学和行业而言，这一点同样适用。

这里需要强调的是，本书不是关于管理的一些新技巧，或者一些"噱头"，或者可用于更有效地操纵别人、以自己为最终目的的表面技巧。本书不是一本剥削指南。

不，本书与基本的正统价值观形成明显对峙，本书形成一套更新的价值观体系，不仅更有效，而且更真实。人类本性逐渐流失，人具有更高级的本质，这种本质和他的低级本质一样，是"类本能的"，且这种高级本质包括人对富有意义的工作、责任、创造性、公平正义、有意义的行为和完美行为的需要，而这些发现的确带来了一些革命性的结果。

试想"支付"一词，单独和钱搭配的这种框架明显已过时。的确，低级需要的满足可用钱买来。但是，当这些需要得到满足，那么人们在高级需要的激励下，需要归属感、情感、尊严、尊敬、欣赏和荣誉，以及完成自我实现的机会、实现最高价值——真理、美、效能、美德、完善、秩序、正当等——的促进因素，这些都需要得到"支付"。显然，这些值得我们深入思考。

---

1 "机械形成论的"是马斯洛开玩笑般杜撰的新词，与"拟人化的"构成反义词。因此，在他看来，古典行为主义是一种机械形成论的心理学，因为它倾向于将生物体看作一种机械装置。同样以一种玩笑般的方式，他有时把弗洛伊德精神分析理论称作"直肠病"心理学。

# 参考文献一

1. Allport, G. *The Nature of Personality*. Addison-Wesley, 1950.

2. ____. *Becoming*. Yale Univ., 1955.

3. ____. Normative compatibility in the light of social science, in Maslow, A. H. (ed.). *New Knowledge in Human Values*. Harper, 1959.

4. ____. *Personality and Social Encounter*. Beacon, 1960.

5. Anderson, H. H. (ed.). *Creativity and Its Cultivation*. Harper, 1959.

6. Angyal, A. *Foundations for a Science of Personality*. Commonwealth Fund, 1941.

7. Anonymous, Finding the real self. A letter with a foreword by Karen Horney, *Amer. J. Psychoanal.*, 1949, 9, 3.

8. Ansbacher, H., and R. *The Individual Psychology of Alfred Adler*. Basic Books, 1956.

9. Arnold, M. and Gasson, J. *The Human Person*. Ronald, 1954.

10. Asch. S. E. *Social Psychology*. Prentice-Hall, 1952.

11. Assagioli, R. *Self-Realization and Psychological Disturbances*. Psychosynthesis Research Foundation, 1961.

12. Banham, K. M. The development of affectionate behavior in

infancy, *J. General Psychol.*, 1950, 76, 283-289.

13. Barrett, W. *Irrational Man*. Doubleday, 1958.

14. Bartlett, F. C. *Remembering*. Cambridge Univ., 1932.

15. Begbie, T. *Twice Born Men*. Revell, 1909.

16. Bettelheim, B. *The Informed Heart*. Free Press, 1960.

16a. Bossom J., and Maslow, A. H. Security of judges as a factor in impressions of warmth in others, *J. Abn. Soc. Psychol.*, 1957, 55, 147-148.

17. Bowlby, J. *Maternal Care and Mental Health*. Geneva: World Health Organization, 1952.

18. Bronowski, J. The values of science, in Maslow, A. H. (ed.). *New Knowledge in Human Values*. Harper, 1959.

19. Brown, N. *Life Against Death*. Random House, 1959.

20. Buber, M. *I and Thou*. Edinburgh: T. and T. Clark, 1937.

21. Bucke, R. *Cosmic Consciousness*. Dutton, 1923.

22. Buhler, C. Maturation and Motivation, *Dialectica*, 1951, 5, 312-361.

23. ____. The reality principle, *Amer. J. Psychother.*, 1954, 8, 626-647.

24. Buhler, K. *Die geistige Entwicklung des Kindes*, 4th ed., Jena: Fischer, 1924.

25. Burtt, E. A. (ed.). *The Teachings of the Compassionate Buddha*. Mentor Books, 1955.

26. Byrd, B. Cognitive needs and human motivation.

Unpublished.

27. Cannon, W. B. *Wisdom of the Body.* Norton, 1932.

28. Cantril, H. *The "Why" of Man's Experience.* Macmillan, 1950.

29. Cantril, H., and Bumstead, C. *Reflections on the Human Venture.* N. Y. Univ., 1960.

30. Clutton-Brock, A. *The Ultimate Belief.* Dutton, 1916.

31. Cohen, S. A growth theory of neurotic resistance to psychotherapy. *J. of Humanistic Psychol.*, 1961, 1, 48-63.

32. ____. Neurotic ambiguity and neurotic hiatus between knowledge and action, *J. Existential Psychiatry*, 1962, 3, 75-96.

33. Coleman, J. *Personality Dynamics and Effective Behavior.* Scott, Foresman, 1960.

34. Combs, A., and Snygg, D. *Individual Behavior.* Harper, 1959.

35. Combs, A. (ed.). *Perceiving, Behaving, Becoming: A New Focus for Education.* Association for Supervision and Curriculum Development, Washington, D. C., 1962.

36. D'Arcy, M. C. *The Mind and Heart of Love.* Holt, 1947.

37. ____. *The Meeting of Love and Knowledge.* Harper, 1957.

38. Deutsch, F., and Murphy, W. *The Clinical Interview* (2 vols.). Int. Univs. Press, 1955.

38a. Dewey, J. *Theory of Valuation.* Vol. II, No. 4 of *International Encyclopedia of Unified Science*, Univ. of Chicago (undated).

38b. Dove, W. F. A study of individuality in the nutritive instincts, *Amer. Naturalist*, 1935, 69, 469-544.

39. Ehrenzweig, A. *The Psychoanalysis of Artistic Vision and Hearing*. Routledge, 1953.

40. Erikson, E. H. *Childhood and Society*. Norton, 1950.

41. Erikson, E. H. Identity and the Life Cycle. (Selected papers.) *Psychol. Issues*, 1, Monograph 1, 1959. Int. Univs. Press.

42. Festinger, L. A. *Theory of Cognitive Dissonance*. Peterson, 1957.

43. Feuer, L. *Psychoanalysis and Ethics*. Thomas, 1955.

Field, J. (pseudonym), *see* Milner, M.

44. Frankl, V. E. *The Doctor and the Soul*. Knopf, 1955.

45. ____. *From Death-Camp to Existentialism*. Beacon, 1959.

46. Freud, S. *Beyond the Pleasure Principle*. Int. Psychoan. Press, 1922.

47. ____. *The Interpretation of Dreams*, in *The Basic Writings of Freud*. Modern Lib., 1938.

48. ____. *Collected Papers*, London, Hogarth, 1956. Vol. III, Vol. IV.

49. ____. *An Outline of Psychoanalysis*. Norton, 1949.

50. Fromm, E. *Man For Himself*. Rinehart, 1947.

51. ____. *Psychoanalysis and Religion*. Yale Univ., 1950.

52. ____. *The Forgotten Language*. Rinehart, 1951.

53. ____. *The Same Society*. Rinehart, 1955.

54. ____. Suzuki, D. T., and De Martino, R. *Zen Buddhism and Psychoanalysis*. Harper, 1960.

54a. Ghiselin, B. *The Creative Process*, Univ. of Calif., 1952.

55. Goldstein, K. *The Organism*. Am. Bk. Co., 1939.

56. ____. *Human Nature from the Point of View of Psychopathology*. Harvard Univ., 1940.

57. ____. Health as value, in A. H. Maslow (ed.). *New Knowledge in Human Values*. Harper, 1959, pp. 178-188.

58. Halmos, P. *Towards a Measure of Man*. London: Kegan Paul, 1957.

59. Hartman, R. The science of value, *in Maslow*, A. H. (ed.). *New Knowledge in Human Values*. Harper, 1959.

60. Hartmann, H. *Ego Psychology and the Problem of Adaptation*. Int. Univs. Press, 1958.

61. ____. *Psychoanalysis and Moral Values*. Int. Univs. Press, 1960.

62. Hayakawa, S. I. *Language in Action*. Harcourt, 1942.

63. ____. The fully functioning personality, *ETC*. 1956, 13, 164-181.

64. Hebb, D. O., and Thompson, W. R. The social significance of animal studies, in G. Lindzey (ed.). *Handbook of Social Psychology, Vol. 1*. Addison-Wesley, 1954, 532-561.

65. Hill, W. E. Activity as an autonomous drive. *J. Comp. & Physiological Psychol.*, 1956, 49, 15-19.

66. Hora, T. Existential group psychotherapy, *Amer. J. of Psychotherapy*, 1959, 13, 83-92.

67. Horney, K. *Neurosis and Human Growth*. Norton, 1950.

68. Huizinga, J. *Homo Ludens*. Beacon, 1950.

68a. Huxley, A. *The Perennial Philosophy*. Harper, 1944.

69. ____. *Heaven & Hell*. Harper, 1955.

70. Jahoda, M. *Current Conceptions of Positive Mental Health*. Basic Books, 1958.

70a. James. W. *The Varieties of Religious Experience*. Modern Lib., 1942.

71. Jessner, L., and Kaplan, S. "Discipline" as a problem in psychotherapy with children, *The Nervous Child*, 1951, 9, 147-155.

72. Jourard, S. M. *Personal Adjustment*, 2nd ed. Macmillan, 1963.

73. Jung, C. G. *Modern Man in Search of a Soul*. Harcourt, 1933.

74. ____. *Psychological Reflections*(Jacobi, J., ed.). Pantheon Books, 1953.

75. ____. *The Undiscovered Self*. London: Kegan Paul, London, 1958.

76. Karpf, F. B. *The Psychology & Psychotherapy of Otto Rank*. Philosophical Library, 1953.

77. Kaufman, W. *Existentialism from Dostoevsky to Sartre*. Meridian, 1956.

78. ____. *Nietzsche*. Meridian, 1956.

79. Kepes, G. *The New Landscape in Art and Science*. Theobald, 1957.

80. *The Journals of Kierkegaard*, 1834-1954. Dru, Alexander (ed. and translator). Fontana Books, 1958.

81. Klee, J. B. *The Absolute and the Relative*. Unpublished.

82. Kluckhohn, C. *Mirror for Man*. McGraw-Hill, 1949.

83. Korzybski, A. *Science and Sanity: An Introduction to Non-Aristotelian Systems and General Semantics*(1933). Lakeville, Conn. : International Non-Aristotelian Lib. Pub. Co., 3rd ed., 1948.

84. Kris, E. *Psychoanalytic Explorations in Art*, Int. Univs. Press, 1952.

85. Krishnamurti, J. *The First and Lost Freedom*. Harper, 1954.

86. Kubie, L. S. *Neurotic Distortion of the Creative Process*. Univ. of Kans., 1958.

87. Kuenzli, A. E. (ed.). *The Phenomenological Problem*. Harper, 1959.

88. Lee, D. *Freedom & Culture*. A Spectrum Book, Prentice-Hall, 1959.

89. ____. Autonomous motivation, *J. Humanistic Psychol.*, 1962, 1, 12-22.

90. Levy, D. M. Personal communication.

91. ____. *Maternal Overprotection*. Columbia Univ., 1943.

91a. Lewis, C. S. *Surprised by Joy*. Harcourt, 1956.

92. Lynd, H. M. *On Shame and the Search for Identity*. Harcourt, 1958.

93. Marcuse, H. *Eros and Civilization*. Beacon, 1955.

94. Maslow, A. H., and Mittelmann, B. *Principles of Abnormal Psychology*. Harper, 1941.

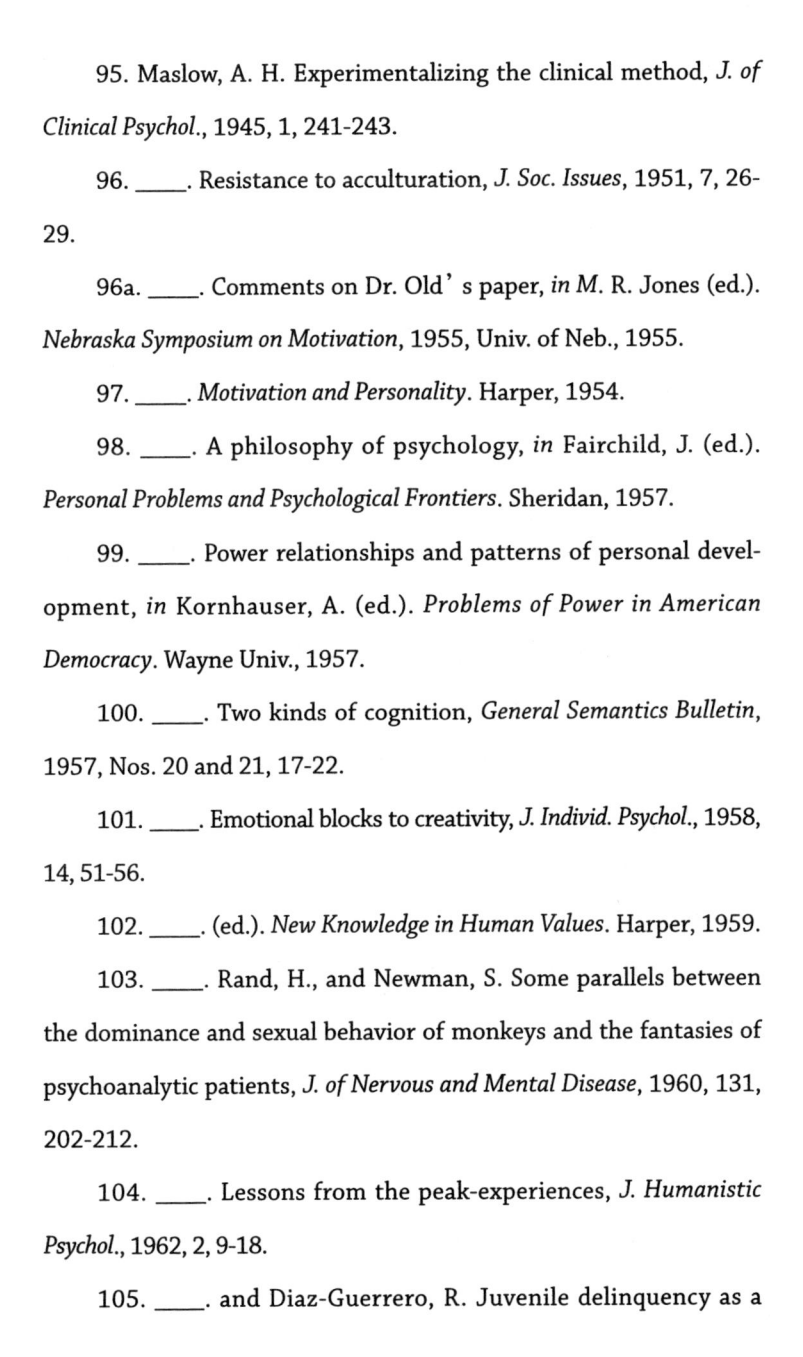

95. Maslow, A. H. Experimentalizing the clinical method, *J. of Clinical Psychol.*, 1945, 1, 241-243.

96. ____. Resistance to acculturation, *J. Soc. Issues*, 1951, 7, 26-29.

96a. ____. Comments on Dr. Old's paper, *in* M. R. Jones (ed.). *Nebraska Symposium on Motivation*, 1955, Univ. of Neb., 1955.

97. ____. *Motivation and Personality*. Harper, 1954.

98. ____. A philosophy of psychology, *in* Fairchild, J. (ed.). *Personal Problems and Psychological Frontiers*. Sheridan, 1957.

99. ____. Power relationships and patterns of personal development, *in* Kornhauser, A. (ed.). *Problems of Power in American Democracy*. Wayne Univ., 1957.

100. ____. Two kinds of cognition, *General Semantics Bulletin*, 1957, Nos. 20 and 21, 17-22.

101. ____. Emotional blocks to creativity, *J. Individ. Psychol.*, 1958, 14, 51-56.

102. ____. (ed.). *New Knowledge in Human Values*. Harper, 1959.

103. ____. Rand, H., and Newman, S. Some parallels between the dominance and sexual behavior of monkeys and the fantasies of psychoanalytic patients, *J. of Nervous and Mental Disease*, 1960, 131, 202-212.

104. ____. Lessons from the peak-experiences, *J. Humanistic Psychol.*, 1962, 2, 9-18.

105. ____. and Diaz-Guerrero, R. Juvenile delinquency as a

value disturbance, in Peatman, J., and Hartley, E. (eds.). *Festschrift for Gardner Murphy*. Harper, 1960.

106. _____. Peak-experiences as completions. (To be published.)

(Ed. — This paper was never published and does not appear to have survived.)

107. _____. Eupsychia-the good society, *J. Humanistic Psychol.*, 1961, 1, 1-11.

108. _____ and Mintz, N. L. Effects of esthetic surroundings: I. Initial short-term effects of three esthetic conditions upon perceiving "energy" and "well-being" in faces, *J. Psychol.*, 1956, 41, 247-254.

109. Masserman, J. (ed.). *Psychoanalysis and Human Values*. Grune and Stratton, 1960.

110. May, R., et al. (eds.). *Existence*. Basic Books, 1958.

111. _____ (ed.). *Existential Psychology*. Random House, 1961.

112. Milner, M. (Joanna Field, pseudonym). *A Life of One's Own*. Pelican Books, 1952.

113. Milner, M. *On Not Being Able to Paint*. Int. Univs. Press, 1957.

114. Mintz, N. L. Effects of esthetic surroundings: II. Prolonged and repeated experiences in a "beautiful" and an "ugly" room. *J. Psychol.*, 1956, 41, 459-466.

115. Montagu, Ashley, M. F. *The Direction of Human Development*. Harper, 1955.

115a. Moreno, J. (ed). *Sociometry Reader*. Free Press, 1960.

116. Morris C. *Varieties of Human Value*. Univ. of Chicago, 1956.

117. Moustakas, C. *The Teacher and the Child*. McGraw-Hill, 1956.

118. ____ (ed.). *The Self*. Harper, 1956.

119. Mowrer, O. H. *The Crisis in Psychiatry and Religion*. Van Nostrand, 1961.

120. Mumford, L. *The Transformations of Man*. Harper, 1956.

121. Munroe, R. L. *Schools of Psychoanalytic Thought*. Dryden, 1955.

122. Murphy, G. *Personality*. Harper, 1947.

123. Murphy, G., and Hochberg, J. Perceptual development: some tentative hypotheses, *Psychol. Rev.*, 1951, 58, 332-349.

124. Murphy, G. *Human Potentialities*. Basic Books, 1958.

125. Murray, H. A. Vicissitudes of Creativity, *in* H. H. Anderson (ed). *Creativity and Its Cultivation*. Harper, 1959.

126. Nameche, G. Two pictures of man, *J. Humanistic Psychol.*, 1961, 1, 70-88.

127. Niebuhr, R. *The Nature and Destiny of Man*. Scribner's 1947.

127a. Northrop, F. C. S. *The Meeting of East and West*. Macmillan, 1946.

128. Nuttin, J. *Psychoanalysis and Personality*. Sheed and Ward, 1953.

129. O'Connell, V. On brain washing by psychotherapists: The effect of cognition in the relationship in psychotherapy. Mimeographed, 1960.

129a. Olds, J. Physiological mechanisms of reward, in Jones, M. R. (ed.). *Nebraska Symposium on Motivation*, 1955. Univ. of Nebr., 1955.

130. Oppenheimer, O. Toward a new instinct theory, *J. Social Psychol.*, 1958, 47, 21-31.

131. Overstreet, H. A. *The Mature Mind.* Norton, 1949.

132. Owens, C. M. *Awakening to the Good.* Christopher, 1958.

133. Perls, F., Hefferline, R., and Goodman, P. *Gestalt Therapy*, Julian, 1951.

134. Peters, R. S. "Mental health" as an educational aim. Paper read before Philosophy of Education Society, Harvard University, March, 1961.

135. Progoff, I. *Jung's Psychology and Its Social Meaning.* Grove, 1953.

136. Progoff, I. *Depth Psychology and Modern Man.* Julian, 1959.

137. Rapaport, D. *Organization and Pathology of Thought.* Columbia Univ., 1951.

138. Reich, W. *Character Analysis.* Orgone Inst., 1949.

139. Reik, T. *Of Love and Lust.* Farrar, Straus, 1957.

140. Riesman, D. *The Lonely Crowd.* Yale Univ., 1950.

141. Ritchie, B. F. Comments on Professor Farber's paper, *in*

Marshall R. Jones (ed.). *Nebraska Symposium on Motivation*. Univ. of Nebr., 1954, pp. 46-50.

142. Rogers, C. *Psychotherapy and Personality Change*. Univ. of Chicago, 1954.

143. Rogers, C. R. A theory of therapy, personality and interpersonal relationships as developed in the client-centered framework, in Koch, S. (ed). *Psychology: A Study of a Science, Vol. III*. McGraw-Hill, 1959.

144. Rogers, C. *A Therapist's View of Personal Goals*. Pendle Hill, 1960.

145. _____ . *On Becoming a Person*. Houghton Mifflin, 1961.

146. Rokeach, M. *The Open and Closed Mind*. Basic Books, 1960.

147. Schachtel, E. *Metamorphosis*. Basic Books, 1959.

148. Schilder, P. *Goals and Desires of Man*. Columbia Univ., 1942.

149. _____. *Mind: Perception and Thought in Their Constructive Aspects*. Columbia Univ., 1942.

150. Scheinfeld, A. *The New You and Heredity*. Lippincott, 1950.

151. Schwarz, O. *The Psychology of Sex*. Pelican Books, 1951.

152. Shaw, F. J. The problem of acting and the problem of becoming, *J. Humanistic Psychol.*, 1961, 1, 64-69.

153. Sheldon, W. H. *The Varieties of Temperament*. Harper, 1942.

154. Shlien, J. M. *Creativity and Psychological Health*. Counseling Center Discussion Paper, 1956, 11, 1-6.

155. Shlien, J. M. A criterion of psychological health, *Group*

*Psychotherapy*, 1956, 9, 1-18.

156. Sinnott, E. W. *Matter, Mind and Man*. Harper, 1957.

157. Smillie, D. Truth and reality from two points of view, *in* Moustakas, C. (ed.). *The Self*. Harper, 1956.

157a. Smith, M. B. "Mental health" reconsidered: A special case of the problem of values in psychology, *Amer. Psychol*, 1961, 16, 299-306.

158. Sorokin, P. A. (ed.). *Explorations in Altruistic Love and Behavior*. Beacon, 1950.

159. Spitz, R. Anaclitic depression, *Psychoanal. Study of the*_____, 1946, 2, 313-342.

160. Suttie, I. *Origins of Love and Hate*. London: Kegan Paul, 1935.

160a. Szasz, T. S. The myth of mental illness, *Amer. Psychol.*, 1960, 15, 113-118.

161. Taylor C. (ed.). *Research Conference on the Identification of Creative Scientific Talent*. Univ. of Utah, 1956.

162. Tlad, O. Toward the knowledge of man, *Main Currents in Modern Thought*, Nov. 1955.

163. Tillich, P. *The Courage To Be*. Yale Univ., 1952.

164. Thompson, C. *Psychoanalysis: Evolution & Development*. Grove, 1957.

165. Van Kaam, A. L. *The Third Force in European Psychology-Its Expression in a Theory of Psychotherapy*. Psychosynthesis Research

Foundation, 1960.

166. ____. Phenomenal analysis: Exemplified by a study of the experience of "really feeling understood, " *J. Individ. Psychol.*, 1959, 15, 66-72.

167. ____. Humanistic psychology and culture, *J. Humanistic Psychol.*, 1961, 1, 94-100.

168. Watts, A. W. *Nature, Man and Woman*. Pantheon, 1958.

169. ____. *This is IT*. Pantheon, 1960.

170. Weisskopf, W. Existence and values, in Maslow, A. H. (ed.). *New Knowledge of Human Values*. Harper, 1958.

171. Werner, H. *Comparative Psychology of Mental Development*. Harper, 1940.

172. Wertheimer, M. Unpublished lectures at the New School for Social Research, 1935-6.

173. ____ . *Productive Thinking*. Harper, 1959.

174. Wheelis, A. *The Quest for Identity*. Norton, 1958.

175. ____. *The Seeker*. Random, 1960.

176. White, M. (ed.). *The Age of Analysis*. Mentor Books, 1957.

177. White, R. Motivation Reconsidered: the concept of competence, *Psychol. Rev.*, 1959, 66, 297-333.

178. Wilson, C. *The Stature of Man*. Houghton, 1959.

179. Wilson, F. Human nature and esthetic growth, *in* Moustakas, C. (ed.). *The Self*. Harper, 1956.

180. ____. Unpublished manuscripts on Art Education.

181. Winthrop, H. Some neglected considerations concerning the problems of value in psychology, *J. of General Psychol.*, 1961, 64, 37-59.

182. ____. Some aspects of value in psychology and psychiatry, *Psychological Record*, 1961, 11, 119-132.

183. Woodger, J. *Biological Principles*. Harcourt, 1929.

184. Woodworth, R. *Dynamics of Behavior*. Holt, 1958.

185. Young, P. T. *Motivation and Emotion*. Wiley, 1961.

186. Zuger, B. Growth of the individuals concept of self. A. M. A. *Amer. f. Diseased Children*, 1952, 83, 719.

187. ____. The states of being and awareness in neurosis and their redirection in therapy, *J. of Nervous and Mental Disease*, 1955, 121, 573.

# 参考文献二

188. Adler, A. *Superiority and Social Interests: A Collection of Later Writings* (H. L. and R. R. Ansbacher, eds.). Northwestern University Press, 1964.

189. Allport, G. *Pattern and Growth in Personality*. Holt, Rinehart & Winston, 1961.

190. Angyal, A. *Neurosis and Treatment*. Wiley, 1965.

191. Aronoff, J. *Psychological Needs and Cultural Systems*, Van Nostrand, 1967.

192. Assagioli, R. *Psychosynthesis: A Manual of Principles and Techniques*. Hobbs, Dorman, 1965.

193. Axline, V. *Dibs: In Search of Self*. Houghton Mifflin, 1966.

194. Bailey, J. C. Clues for success in the president's job, *Harvard Business Review*, 1967, 45, 97-104.

195. Barron, F. *Creativity and Psychological Health*. Van Nostrand, 1963.

196. Benda, C. *The Image of Love*. Free Press, 1961.

197. Bennis, W., Schein, E., Berlew, D., and Steele, F. (eds.). *Interpersonal Dynamics*. Dorsey, 1964.

198. ____. *Changing Organizations*. McGraw-Hill, 1966.

199. Berne, E. *Games People Play*. Grove Press, 1964.

200. Bertocci, P., and Millard, R. *Personality and the Good*. McKay, 1963.

201. Blyth, R. H. *Zen in English Literature and Oriental Classics*. Tokyo, Hokuseido Press, 1942.

202. Bodkin, M. *Archetypal Patterns in Poetry*. Vintage Books, 1958.

203. Bois, J. S. *The Art of Awareness*. Wm. C. Brown, 1966.

204. Bonner, H. *Psychology of Personality*. Ronald, 1961.

205. ____. *On Being Mindful of Man*. Houghton Mifflin, 1965.

206. Bradford, L. P., Gibb, J. R., and Benne, K. D. (eds.). *T-Group Theory and Laboratory Method*. Wiley, 1964.

207. Bronowski, J. *The Identity of Man*. Natural History Press, 1965.

208. ____. *The Face of Violence*. World, 1967.

209. Bugental, J. *The Search for Authenticity*. Holt, Rinehart & Winston, 1965.

210. ____(ed.). *Challenges of Humanistic Psychology*. McGraw-Hill, 1967.

211. Buhler, C. *Values in Psychotherapy*. Free Press, 1962.

212. ____, and Massarik, F. (eds). *Humanism and the Course of Life: Studies in Goal-Determination*. Springer, 1967.

213. Burrow, T. *Preconscious Foundations of Human Experience* (W. E. Galt, ed.). Free Press, 1964.

214. Campbell, J. *The Hero with a Thousand Faces*. Meridian Books, 1956.

215. Cantril, H. The human design, *J. Individ. Psychol.*, 1964, 20, 129-136.

216. Carson, R. *The Sense of Wonder*. Harper & Row, 1965.

217. Clark, J. V. Motivation in work groups: A tentative view, *Human Organization*, 1960, 19, 199-208.

218. ____. *Education for the Use of Behavioral Science*. Univ. Calif. L. A., Institute of Industrial Relations, 1962.

219. Craig, R. Trait lists and creativity. *Psychologia*, 1966, 9, 107-110.

220. Dabrowski, K. *Positive Disintegration*. Little Brown, 1964.

221. Davies, J. C. *Human Nature in Politics*. Wiley, 1963.

222. Deikman, A. Implications of experimentally induced contemplation meditation, *J. of Nervous and Mental Disease*, 1966, 142, 101-116.

223. De Martino, M. (ed.). *Sexual Behavior and Personality Characteristics*. Grove Press, 1963.

224. Eliade, M. *The Sacred and the Profane*. Harper & Row, 1961.

225. Farrow, E. *Psychoanalyze Yourself*. International Universities Press, 1942.

226. Farson, R. E. (ed.). *Science and Human Affairs*. Science and Behavior Books, 1965.

227. Esalen Institute. Residential program brochure. Big Sur,

Calif., 1966.

228. Frankl, V. *Psychotherapy and Existentialism*. Washington Square Press, 1967.

229. Fromm, E. *The Heart of Man*. Harper & Row, 1964.

230. Gardner, J. *Self-Renewal*. Harper & Row, 1963.

231. Gibb, J. R. and L. M. *The Emergent Group: A Study of Trust and Freedom*. To be published.

232. Glasser, W. *Reality Therapy*. Harper & Row, 1965.

233. Greening, T., and Coffey, H. Working with an "impersonal" T-Group, *Journal of Applied Behavioral Science*, 1966, 2, 401-411.

234. Gross, B. *The Managing of Organizations* (2 vols.). Free Press, 1964.

235. Halmos, P. *The Faith of the Counsellors*. London, Constable, 1965.

236. Harper, Ralph. *Human Love: Existential and Mystical*. Johns Hopkins Press, 1966.

237. Hartman, R. S. *The Structure of Value: Foundations of Scientific Axiology*. South Illinois University Press, 1967.

238. Hauser, R., and H. *The Fraternal Society*. Random House, 1963.

239. Herzberg, F. *Work and the Nature of Man*. World, 1966.

240. Hora, T. On meeting a Zen-master socially, *Psychologia*, 1961, 4, 73-75.

241. Horney, K. *Self-Analysis*. Norton, 1942.

242. Hughes, Percy. *An Introduction to Psychology*. Lehigh University *Supply Bureau*, 1928.

243. Huxley, A. *Grey Eminence*. Meridian Books, 1959.

244. ____. *Island*. Bantam Books, 1963.

245. Huxley, L. *You Are Not the Target*. Farrar, Straus & Giroux, 1963.

246. Isherwood, M. *Faith Without Dogma*. G. Allen Unwin, 1964.

247. Johnson, R. C. *Watcher on the Hills*. Harper & Row, 1959.

248. Jones, R. (ed.). *Contemporary Educational Psychology: Selected Essays*. Harper Torchbooks, 1966.

249. Jourard, S. M. *The Transparent Self: Self-Disclosure and Well-Being*. Van Nostrand, 1964.

250. Kaufman, W. (ed.). *The Portable Nietzsche*. Viking, 1954.

251. Koestler, A. *The Lotus and the Robot*. London, Hutchinson, 1960.

252. Kuriloff, R. *Reality in Management*. McGraw-Hill, 1966.

253. Laing, R. *The Divided Self*. Penguin Books, 1965.

254. Lao Tsu. *The Way of Life*. Mentor Books, 1955.

255. Laski, M. *Ecstasy*. Indiana University Press, 1962.

256. Lowen, A. *Love and Orgasm*. Macmillan, 1965.

257. Malamud, D., and Machover, S. *Toward Self-Understanding*. Thomas, 1965.

258. Manuel, F. *Shapes of Philosophical History*. Stanford University Press, 1965.

259. Maslow, A. H. Synergy in the society and in the individual, *J. of Individ. Psychol.*, 1964, 20, 153-164.

260. ____. *Religions, Values and Peak-Experiences*. Ohio State University Press, 1964.

261. ____. *Eupsychian Management: A Journal*. Irwin-Dorsey, 1965.

262. ____. *The Psychology of Science: A Reconnaissance*. Harper & Row, 1966.

263. Matson, F. *The Broken Image*. Braziller, 1964.

264. May, R. *On Will*. To be published.

265. McCurdy, H. G. *The Personal World*. Harcourt, Brace & World, 1961.

266. McGregor, D. *The Human Side of Enterprise*. McGraw-Hill, 1960.

267. ____. *The Professional Manager* (W. G. Bennis and C. McGregor, eds.). McGraw-Hill, 1967.

268. Morgan, A. E. *Search For Purpose*. Yellow Springs, Ohio, Community Service, Inc., 1957.

269. Moustakas, C. *Creativity and Conformity*. Van Nostrand, 1967.

270. ____. *The Authentic Teacher*. Doyle, 1966.

271. Mowrer, O. H. *The New Group Therapy*. Van Nostrand, 1964.

272. Mumford, L. *The Conduct of Life*. Harcourt, Brace, 1951.

273. Murray, H. A. Prospect for psychology, *Science*, May 11, 1962, 483-488.

274. Neill, A. S. *Summerhill*. Hart, 1960.

275. Otto, H. (ed.). *Explorations in Human Potentialities*. C. C. Thomas, 1966.

276. ____. *Guide to Developing Your Potential*. Scribner's, 1967.

277. Owens, C. M. *Discovery of the Self*. Christopher, 1963.

278. Polanyi, M. *Science, Faith and Society*. University of Chicago Press, 1964.

279. ____. *Personal Knowledge*. University of Chicago Press, 1958.

280. ____. *The Tacit Dimension*. Doubleday, 1966.

281. Reich, W. *The Function of the Orgasm*. Noonday Press, 1942.

282. Ritter, P., and J. *The Free Family*. London, Gollancz, 1959.

283. Rogers, C. Actualizing tendency in relation to motives and to consciousness. *In* M. R. Jones (ed.), *Nebraska Symposium on Motivation*, 1963. University of Nebraska Press, 1963.

284. Rosenthal, R. *Experimenter Effects in Behavioral Research*. Appleton-Century, 1966.

285. Sands, B. *The Seventh Step*. New American Library, 1967.

286. Schumacher, E. F. Economic development and poverty, *Manas*, Feb. 15, 1967, 20, 1-8.

287. Schutz, W. *Joy*. Grove Press, 1967.

288. Seguin, C. A. *Love and Psychotherapy*. Libra, 1965.

289. Severin, F. (ed.). *Humanistic Viewpoints in Psychology*.

McGraw-Hill, 1965.

290. Sheldon, W. H. *Psychology and the Promethean Will*. Harper & Row, 1936.

291. Shostrom, E. *Personal Orientation Inventory (POI): A Test of Self-Actualization*. San Diego, Calif., Educational and Industrial Testing Service, 1963.

292. Steinberg, S. *The Labyrinth*. Harper & Row, 1960.

293. Steinzor, B. *The Healing Partnership*. Harper & Row, 1967.

294. Sutich, A. The growth-experience and the growth-centered attitude, *J. Psychol.*, 1949, 28, 293-301.

295. Sykes, G. *The Hidden Remnant*. Harper & Row, 1962.

296. Tanzer, D. *The Psychology of Pregnancy and Childbirth: An Investigation of Natural Childbirth*. Ph. D. Thesis, Brandeis University, 1967.

297. Thorne, F. C. *Personality*. Journal of Clinical Psychology Publishers, 1961.

298. Tillich, P. *Love, Power and Justice*. Oxford University Press, 1960.

299. Torrance, E. P. *Constructive Behavior*. Wadsworth, 1965.

300. Van Kaam, A. *The Art of Existential Counseling*. Dimension

Books, 1966.

301. Weisskopf, W. Economic growth and human well-being, *Manas*, Aug. 21, 1963, 16, 1-8.

302. White, R. (ed.). *The Study of Lives*. Atherton Press, 1964.

303. Whitehead, A. N. *The Aims of Education*. Mentor Bros., 1949.

304. ____. *Adventures of Ideas*. Macmillan, 1933.

305. Wienpahl, P. *The Matter of Zen*. New York University Press, 1964.

306. Wilson, C. *Beyond the Outsider*. London, Arthur Barker Ltd., 1965.

307. ____. *Introduction to the New Existentialism*. Houghton Mifflin, 1967.

308. Wolff, W. *The Expression of Personality*. Harper & Row, 1943.

309. Wootton, G. *Workers, Unions and the State*. Schocken, 1967.

310. Yablonsky, L. *The Tunnel Back: Synanons*. Macmillan, 1965.

311. Zinker, J. *Rosa Lee: Motivation and the Crisis of Dying*. Lake Erie College Studies, 1966.

Toward a Psychology of Being Third Edition by Abraham H. Maslow ISBN: 978-0-471-29309-5
Copyright ©1968, 1999 John Wiley& Sons.
All rights reserved. This translation published under license.
Simplified Chinese edition copyright © 2018, Chongqing Publishing Group/Beijing Alpha Books Co., Inc

**版贸核渝字(2014)第233号**

**图书在版编目(CIP)数据**

需要与成长：存在心理学探索：第3版 /（美）亚伯拉罕·马斯洛著；张晓玲，刘勇军译. -- 重庆：重庆出版社，2018.4

书名原文：Toward a psychology of being 3e

ISBN 978-7-229-11846-4

Ⅰ.①需… Ⅱ.①亚… ②张… ③刘… Ⅲ.①应用心理学 Ⅳ.①B849

中国版本图书馆CIP数据核字(2017)第027935号

## 需要与成长：存在心理学探索
XUYAO YU CHENGZHANG CUNZAI XINLIXUE TANSUO

[美]亚伯拉罕·马斯洛　著
张晓玲　刘勇军　译

**策　　划：** 华章同人
**出版监制：** 徐宪江　伍　志
**责任编辑：** 陈　丽
**责任印制：** 杨　宁
**营销编辑：** 张　宁　胡　刚
**封面设计：** 主语设计

重庆出版集团
重庆出版社　出版

（重庆市南岸区南滨路162号1幢 ）
投稿邮箱：bjhztr@vip.163.com
北京联兴盛业印刷股份有限公司　印刷
重庆出版集团图书发行有限公司　发行
邮购电话：010-85869375/76/77转810

重庆出版社天猫旗舰店
cqcbs.tmall.com

全国新华书店经销

开本：787mm×1092mm　1/16　印张：20.25　字数：247千
2018年4月第1版　2022年9月第5次印刷
定价：58.00元

如有印装质量问题，请致电023-61520678

**版权所有，侵权必究**